农业智能装备技术及北京市应用实践

北京市农业机械试验鉴定推广站◎编著

图书在版编目（CIP）数据

农业智能装备技术及北京市应用实践 / 北京市农业机械试验鉴定推广站编著 . -- 北京 : 企业管理出版社, 2024.4

ISBN 978-7-5164-3052-1

Ⅰ . ①农… Ⅱ . ①北… Ⅲ . ①农业电气化—研究—北京 Ⅳ . ① S24

中国国家版本馆 CIP 数据核字 (2024) 第 070311 号

书　　名：农业智能装备技术及北京市应用实践
书　　号：ISBN 978-7-5164-3052-1
作　　者：北京市农业机械试验鉴定推广站
责任编辑：张　羿　赵　琳
出版发行：企业管理出版社
经　　销：新华书店
地　　址：北京市海淀区紫竹院南路17号　邮编：100048
网　　址：http://www.emph.cn　电子信箱：qygl002@sina.com
电　　话：编辑部（010）68416775　发行部（010）68701816
印　　刷：北京虎彩文化传播有限公司
版　　次：2024年4月第1版
印　　次：2024年4月第1次印刷
开　　本：710mm × 1000mm　1/16
印　　张：10.25
字　　数：163千字
定　　价：68.00元

《农业智能装备技术及北京市应用实践》编委会

主　编： 秦　贵　麻志宏　张传帅　孙梦遥

副主编： 张　岚　王媛媛　赵　谦　刘婞韬

编写人员（以姓氏笔画为序）

于　帅　马家炜　王　亘　冉　佳　冯　雪
刘千豪　刘佳妮　李志强　陈　华　陈建硕
扶明开　苏仁忠　杨雅静　周利明　徐岚俊
秦虎跃　常晓莲　潘张磊

前言 FOREWORD

为深入贯彻习近平总书记“要把发展农业科技放在更加突出的位置，大力推进农业机械化、智能化，给农业现代化插上科技的翅膀”的重要指示精神，近几年，北京市农业机械试验鉴定推广站围绕北京市的国际科技创新中心建设的定位，充分利用和发挥北京市的区域优势基础，不断建设、完善“产、学、研、推、用”合作体系，与在京科研院所专家团队和农机智能装备研发企业、京郊各类生产作业主体充分合作，试验示范了农业机器人、农机辅助驾驶系统、智能水肥一体化系统等一批先进农业智能装备技术，建设了智能温室、无人农场、智慧养殖等一批智慧应用场景，申报了一批全国应用典型案例，推动“智能农机”成为北京市农业的一张新名片，为推动北京市率先基本实现农业农村现代化做出农机贡献。本书通过总结梳理北京市农业机械试验鉴定推广站近几年的工作成果，为从事智能农机事业的朋友提供参考借鉴。

本书编委会
2023 年 12 月

目 录

CONTENTS

第一章

国外农业智能装备技术发展历史、现状及趋势

第一节

国外农业智能装备技术发展历程

国外农业智能装备技术在过去几年取得了显著的发展，为农业生产带来了许多创新和改进。国外农业智能装备技术的发展经历了初期应用、传感器技术的兴起、数据分析与人工智能、无人机和机器视觉技术的应用及物联网和5G技术的发展等几个阶段。

一、初期应用（2000年以前）

在初期应用阶段，农业智能装备技术主要集中在自动驾驶农机和精确农业方面。自动驾驶拖拉机和收割机开始出现，逐渐引入了全球定位系统（GPS）和地理信息系统（GIS）等技术来实现精确的农田管理和作物种植。

2000年前后，自动驾驶农机开始出现，如自动驾驶拖拉机和收割机。这些农机配备了传感器和控制系统，能够根据预设程序进行操作。GPS的引入为自动驾驶提供了准确的位置信息，使得农机能够精确地行驶和执行任务。

通过使用GIS和GPS等技术，农业智能装备可以实现精确的农田管理和作物种植。农民可以利用卫星图像和地形数据来确定土地的特征和变化，将这些信息与农机的操作相结合，以实现更加精确的播种、施肥和灌溉。

在初期应用阶段，农业智能装备开始引入数据记录和监测功能。农机上的传感器可以测量土壤湿度、温度和养分含量等环境参数，同时记录作业过程中的关键数据。这些数据可以帮助农民进行决策和优化作业，从而提高效率和产量。

为了更好地管理和分析农田数据，一些农业智能装备开始引入信息管理系统。这些系统允许农民将数据集中存储和分析，为他们提供有关土壤质量、气候条件、作物生长等方面的实时信息和建议。

初期应用阶段的农业智能装备技术主要注重提高农业生产的自动化程度和精确性。通过自动驾驶和精确农田管理，农民可以减少人力成本，同时更加有效地利用资源，提高农产品的产量和质量。GPS 和 GIS 的引入为农业智能装备的发展奠定了基础。

二、传感器技术的兴起（21 世纪初期）

随着传感器技术的进步，农业智能装备开始广泛应用于农田的环境监测和数据采集。观测土壤湿度、温度、光照等参数的传感器被广泛使用，帮助农民了解作物生长条件并进行精确的水肥管理。这些传感器可以安装在农机、灌溉系统之上，地下也可埋设传感器，用于实时监测农田环境条件。

传感器技术的应用使得水肥管理变得更加精确和有效。农民可以根据土壤湿度传感器的数据确定作物的水分需求，控制灌溉系统的运行来减少水资源的浪费。此外，利用土壤温度和养分传感器的数据，农民还可以调整施肥量和时机，以最大限度地提高作物的生长效率和产量。

随着无线通信技术的发展，农业智能装备开始使用传感器进行数据的实时传输。这使得农民可以通过手机、平板电脑或计算机等设备远程监控农田环境，根据实时的数据进行及时的决策和调整。

传感器技术的广泛应用为农业智能装备的决策支持系统提供了数据基础。通过将传感器数据与其他农田数据集成，决策支持系统可以提供关于作物健康状况、灌溉调度、施肥量等方面的建议和优化策略。

传感器技术的兴起为农业智能装备带来了更精确的数据采集和环境监测能力。农民可以根据传感器数据做出科学决策、减少资源的浪费、提高作物的生长效率和产量，这也奠定了后续农业智能装备技术发展的基础。

三、数据分析与人工智能技术的应用（2010 年前后）

随着大数据和人工智能技术的快速发展，农业智能装备开始利用数据分析和人工智能算法进行作业规划和决策支持。通过收集和分析大量的农田数据，农民可以更好地预测作物需求、优化施肥和灌溉策略并减少资源浪费。

农业智能装备通过传感器、摄像头等设备收集大量的农田数据，包括土壤质量、气候条件、植物生长情况等，这些数据通过物联网技术实时传输到云端平台并进行整合存储。

利用大数据分析和机器学习算法，农业智能装备可以对农田数据进行深入分析和挖掘。通过建立模型和预测算法，农民可以更好地预测作物需求、病虫害风险和天气变化，从而做出相应的决策。

基于数据分析和预测结果，农业智能装备可以为农民提供作业规划和优化策略。例如，在施肥和灌溉方面，根据土壤养分含量和水分需求预测，系统可以自动调整施肥和灌溉方案，实现精确的、个性化的农田管理。

通过应用机器学习和人工智能算法，农业智能装备可以进行自动化的决策支持。例如，基于历史数据和实时监测结果，系统可以自动调整农机的行进路径、施肥量和灌溉量，以最大限度地提高作物产量和品质。

通过数据分析和决策支持，农民可以更加准确地使用资源，避免过度施肥和过量用水等问题，从而减少环境污染和资源浪费，实现农业可持续发展。

数据分析与人工智能技术的应用使农业智能装备更具智能化和自动化，帮助农民更好地进行作业规划和决策支持。通过利用大数据和机器学习算法，农民可以实现精确农田管理、提高作物生产效率并在可持续农业方面取得更好的成果。

四、无人机和机器视觉技术的应用（2015 年前后）

无人机技术在农业中的应用逐渐增多。无人机可以通过搭载高分辨率摄像头和机器视觉算法来检测作物状况、病虫害情况和土地利用等，这些信息可以帮助农民及时采取措施，提高农产品的产量和质量。

无人机搭载高分辨率摄像头和传感器，可以对大面积农田进行快速、高精度的作物监测。通过机器视觉算法分析图像数据，无人机可以检测作物的生长状况、病虫害情况和营养状态等重要指标。这为农民提供了及时的作物评估信息，有助于采取相应的治理措施。

利用无人机的机动性和机器视觉技术，农民可以实现更精确的施药和病虫害防控。无人机能够根据图像识别结果和地理定位信息，针对感染区域进行定点喷洒或局部处理，减少化学农药的使用量，降低环境风险并提高防控效果。

利用无人机搭载的摄像头和机器视觉算法，可以对土地利用进行高精度的监测和评估。无人机能够获取农田的地理信息、土壤质量和作物生长情况等数据，帮助农民进行土地规划和决策，优化农业生产布局，提高土地资源的利用效率。

无人机可通过红外热成像技术检测土地表面的温度分布，从而评估植被的水分需求和灌溉效果。结合机器学习算法和传感器数据，无人机可以提供个性化的灌溉建议和水源管理方案，帮助农民更加高效地使用水资源并减少浪费。

无人机能够覆盖大范围的农田，进行快速的农田调查和监测。通过图像采集和处理，无人机可以生成高分辨率的地图和三维模型，为农民提供详细的农田信息，包括土地形态、排水状况和植被覆盖等，有助于制订更科学的农田管理措施。

无人机和机器视觉技术的应用使农民能够更全面、快速地获取农田信息，实现精细化农业管理。这些技术的引入不仅提高了农产品的产量和质量，还减少了资源的浪费和环境的负荷，推动了现代农业的可持续发展。

五、物联网和 5G 技术的发展（2020 年前后）

物联网技术的快速发展使得农业智能装备之间能够实现实时数据传输和互联互通；同时，5G 技术的推出提供了更高速度和更低延迟的通信网络，进一步促进了农业智能装备的发展和应用。

物联网技术在农业中的应用得到进一步扩展。通过传感器、无人机、农机等设备的连接和数据交换，实现了农业智能装备之间的实时数据传输和互联互通，这为农民提供了更多的决策支持和远程监控能力。

5G 技术的推出提供了更高速度和更低延迟的通信网络，为农业智能装备的发展和应用创造了更好的条件。5G 网络的高带宽和低延迟使得农田设备能够更快速地收集、传输和处理大量的数据，从而实现更及时的农田管理和决策制订。

物联网和 5G 技术的结合使得农民可以实时监测农田环境并进行远程操

作。无论是土壤湿度、温度、光照等参数的监测，还是农机的远程操控，都可以通过物联网和5G网络实现。农民可以通过手机、平板电脑或计算机远程监控农田情况，根据需要进行及时的调整和决策。

物联网和5G技术为农业智能系统的优化提供了更大的空间。数据的实时传输和处理使得决策支持系统能够更准确地分析和预测农田状况，从而提供更精确的建议和优化策略。与此同时，物联网的连接性还使得不同农业智能装备之间能够实现协同作业和资源共享，进一步提高农田管理效率。

物联网和5G技术的应用也有助于实现农业的可持续发展。通过实时监测和精确的农田管理，农民可以更好地利用资源，减少浪费并降低环境负荷。这有助于改善农业生产的效益和可持续性，同时保护自然资源和环境。

物联网和5G技术的发展使农业智能装备在数据传输和通信方面获得了巨大的突破，为农民提供了更多的决策支持和远程监控能力。这些技术的应用促进了农业智能化的发展，推动了农业的现代化和可持续发展。

总体而言，国外农业智能装备技术经历了从自动化到精准化、从传感器到数据分析和人工智能的发展过程。这些技术的不断演进为农业生产带来了更高效率、更可持续的方法，为实现精确农业和可持续农业发展提供了良好的基础。

第二节

国外农业智能装备技术发展面临的挑战

国外农业智能装备技术发展面临一些挑战，包括技术标准和互操作性、数据隐私和安全、成本与回报率、技术培训和接受度及农业环境的多样性和复杂性等方面，克服这些挑战需要政府、农业科技公司和农民等多方合作。通过出台相关政策和标准、加强技术培训和支持、加大研发投入等措施，可以促进国外农业智能装备技术的发展和应用。

一、技术标准和互操作性

不同的农业智能装备和系统可能使用不同的技术标准和通信协议，导致设备之间会出现互操作性问题。为了实现有效的数据共享和协同作业，需要制订统一的技术标准并确保各种设备和系统能够相互兼容和交互操作。

不同农业智能装备和系统使用的通信协议可能不同，如 MQTT、CoAP、LoRaWAN 等。为了实现设备之间的互联互通，需要制订通用的通信协议或者确保设备支持多种协议，从而实现互操作性。

农业智能装备产生的数据可能使用不同的格式和接口。为了实现数据共享和交互操作，需要制订统一的数据格式和接口标准，以便各个设备能够相互理解和处理数据。

确保设备的认证和安全性也是关键因素。制订相关的认证和安全标准，确保设备可以进行身份验证和加密通信，以防止未授权的访问和数据泄露。

为了实现不同设备和系统的互操作性，云平台和应用程序接口 (API) 也起着重要作用。通过提供统一的云平台和 API，不同设备和系统可以相互连接并进行数据交换。

为了解决这些问题，需要政府、行业组织和技术机构等多方合作，共同制订适用于农业智能装备的统一技术标准。这样可以确保不同设备和系统之间实现互操作性，促进农业智能装备的广泛应用和发展。

二、数据隐私和安全

农业智能装备产生大量的数据，包括作业记录、传感器数据等，这些数据可能包含农田信息、农民的个人信息等敏感数据。确保数据的隐私和安全性成为一个重要问题，需要采取相应的加密和隐私保护措施，以防止数据泄露和滥用。

对敏感数据进行加密是保护数据安全的重要手段。通过使用强加密算法，可以确保只有授权人员能够访问和解密数据。此外，还可以考虑在传输过程中使用安全通信协议（如 HTTPS）来加密数据传输。

限制对数据的访问是保护数据隐私的关键。建立严格的访问控制机制，只允许授权人员或设备访问特定数据。这可以通过实施身份验证、访问权限管理和角色分配等方式来实现。

对于一些敏感的农田信息或个人数据，可以采取匿名化和去标识化的方法，以降低数据关联风险。通过删除或替换个人身份信息和敏感地理位置等数据，可以保护用户的隐私。

确保数据在存储和备份过程中的安全性也很重要。采取适当的物理和逻辑安全措施，如数据加密、访问控制和灾难恢复计划等，以保护存储和备份的数据免受未经授权的访问和意外丢失。

提高农民和相关工作人员的数据安全意识也至关重要。通过定期的培训，让他们了解有关数据隐私和安全的最佳实践，以防止常见的安全漏洞和社会工程攻击。

确保遵守相关的数据隐私和安全法律要求，如 GDPR（通用数据保护条例）等。了解并遵守适用的法规，可以确保合法处理和保护数据。

通过数据加密、访问控制、匿名化和去标识化、安全存储和备份、安全意识培训及合规性要求等措施，可以确保农业智能装备产生的数据的隐私和安全性，有效预防数据泄露和滥用的风险。

三、成本与回报率

尽管农业智能装备技术可以提高农田管理的效率和农产品的质量，但其成本也较高。对于农民来说，投资购买和维护这些装备可能是一个负担。因此，确保农业智能装备的回报率和经济效益对于推广和应用这些技术至关重要。

在购买农业智能装备时，农民应根据自己的实际需求和预期收益来选择适合的技术，评估装备对农田管理的改进程度、成本节约和产量提高等方面的潜在效益并将其与投资成本进行比较。

政府和农业机构可以提供财务支持和补贴计划，以促进农民使用农业智能装备。这些支持措施可以包括低利息贷款、设备租赁计划、装备补贴或部分资助等，降低农民的投资成本。

提供与农业智能装备相关的信息共享和培训，帮助农民了解相关技术的潜力和使用方法。通过专家指导和培训课程，农民可以更好地理解如何高效地使用这些装备，从而提高回报率。

农业智能装备生成的大量数据可以用于优化农田管理决策。通过使用数据分析工具和决策支持系统，农民可以更准确地了解土壤状况、需求预测等，从而做出更明智的决策并最大限度地提高经济效益。

农民可以组建合作社或采用共享经济模式，共同投资和使用农业智能装备。通过共享装备的成本和资源，可以降低单个农民的负担并提高装备的利用率和回报率。

随着技术的不断发展和创新，农业智能装备的成本可能会下降。农民应关注行业中的创新和技术进步，选择性地进行技术升级，以提高装备的效益和经济效果。

通过技术选择、财务支持、信息共享和培训、数据分析和决策支持、合作社与共享经济模式及持续创新和技术升级等措施，可以降低农业智能装备的成本并提高其回报率和经济效益。这将有助于推广和应用这些技术，促进农业的可持续发展。

四、技术培训和接受度

农业智能装备技术的应用需要农民具备一定的技术知识和操作能力。然而，一些农民可能对这些新技术缺乏了解或接受度较低。因此，提供相关的技术培训和支持，提高农民对农业智能装备的接受度和应用能力至关重要。

政府、农业机构和相关组织可以制订和实施专门的技术培训计划，以帮助农民学习和掌握农业智能装备的操作和使用方法。这些培训计划可以包括现场培训、研讨会、培训课程和在线资源等形式。

通过演示和示范项目，向农民展示农业智能装备的潜力和好处。这些项目可以在农田或农业研究中心进行，将装备效果直观地呈现给农民，激发他们对新技术的兴趣和应用新技术的积极性。

建立农民合作社或农业技术交流平台，促进农民之间的经验分享和知识传递。通过互相学习和交流，农民可以相互分享关于农业智能装备的应用经验和最佳实践，提高彼此的技术能力。

设立专门的技术支持团队或提供专业咨询服务，为农民提供农业智能装备的操作指导和问题解答，这可以通过电话热线、在线支持平台或现场技术人员进行。

确保农业智能装备的界面设计简单直观，提供易于理解的用户手册和操作指南。通过简化操作流程和提供良好的用户体验，使农民更容易掌握和使用这些装备。

政府可以提供经济激励措施，如购买补贴、税收减免或优惠贷款等，以鼓励农民学习和采用农业智能装备技术。

通过技术培训计划、演示和示范项目、农民合作社与知识共享、技术支持与咨询、简化界面设计与用户体验及经济激励措施等方法，可以提高农民对农业智能装备的接受度和应用能力。这将有助于推动农业智能装备技术的广泛采用，提高农田管理效率和农产品质量。

五、农业环境的多样性和复杂性

不同地区的农业环境和作物特点各不相同。一些农业智能装备在某些环境下可能表现出色，但在其他环境下可能面临适应性问题。因此，需要针对不同的农业环境进行定制化的解决方案，以满足各地农民的需求。

在引入农业智能装备之前，进行充分的地理调研和需求分析是关键。了解特定地区的土壤条件、气候特点、作物类型和农田管理需求等信息，有助于为该地区提供定制化的解决方案。

建立与当地农民、农业合作社或农业机构的合作关系，共同开发和推广适应该地农业环境的解决方案。通过与农民合作，可以更好地理解他们的需求，根据实际情况进行技术适配和定制化。

确保农业智能装备具备一定的灵活性和可扩展性，以适应不同的农业环境。例如，一些装备可能需要根据作物类型、土壤状况和农场规模等因素进行参数调整和配置。

建立本地化的技术支持和服务网络，为农民提供针对其农业环境的培训、操作指导和技术支持。这有助于解决农民在使用农业智能装备时遇到的问题，为其提供定制化的解决方案。

积极收集农民的反馈和建议，不断改进农业智能装备的设计和功能。通过倾听用户的需求和体验，可以迅速调整和改善产品以适应不同的农业环境。

加强农业智能装备的技术创新和研发工作，以提供更多适应性强的解决方案。通过研究和开发新的传感器技术、数据分析算法和农田管理策略等，可以不断提升装备的适应性和效能。

通过地理调研与需求分析、建立合作关系模式、技术灵活性与可扩展性、本地化技术支持与服务、农民反馈与改进及技术创新与研发等方法，可以针对不同的农业环境提供定制化的解决方案，满足农民的需求，推动农业智能装备的广泛应用。

第三节

国外农业智能装备技术核心及发展趋势

国外农业智能装备技术的核心包括机器视觉和传感器技术、数据分析和人工智能算法、无人机技术、自动化和智能控制及物联网和5G技术。这些核心技术的应用使国外农业智能装备具备了更智能、高效和精确的特点，推动了农业的现代化和可持续发展。

一、机器视觉和传感器技术

机器视觉和传感器技术是农业智能装备中的重要组成部分。高分辨率摄像头、红外热成像传感器、光谱传感器等可以提供详细的农田信息，如作物生长情况、病虫害监测、土壤质量等。这些数据通过图像处理和分析算法进行解读，为农民提供实时的决策支持。

高分辨率摄像头可以捕捉农田中的细节并提供高质量的图像数据，这些图像可以用于检测作物的生长状态、病虫害情况和其他相关参数。通过图像处理和分析算法，农民可以更好地了解农田状况并采取相应的措施。

红外热成像传感器可以测量农田中的温度分布。通过分析温度数据，农民可以评估植物的水分需求、监测热点区域和预测病虫害的发展趋势，这有助于进行精确的灌溉和病虫害防控策略的制订。

光谱传感器可以测量植物反射的不同波段的光线。根据不同植物材料对光的吸收和反射特性，可以获得作物的光谱数据。这些数据可以用于判断作物的健康状况、叶绿素含量及其他植物生理指标。通过分析光谱数据，农民可以了解作物的营养状态和生长情况。

气象传感器用于监测农田的气象条件，如温度、湿度、风速和降雨量等。这些数据可以帮助农民了解天气变化，合理调整农作物的灌溉和施肥策略及预测病虫害的传播可能性。

土壤传感器可以测量土壤的湿度、温度、pH 值和电导率等参数。这些数据对于精确的灌溉和施肥非常重要，可以帮助农民避免进行过度或不足的水分和养分供应，提高农田的利用效率和作物产量。

这些机器视觉和传感器技术的应用可以为农民提供详细的农田信息，通过图像处理和分析算法实现实时的决策支持。这有助于优化农业生产过程，提高农产品的产量和质量。

二、数据分析和人工智能算法

数据分析和人工智能算法在农业智能装备中发挥着关键作用。大数据分析和机器学习算法能够从海量的农田数据中提取有价值的信息，预测作物需求、优化施肥和灌溉策略并辅助决策制订，这些算法还可以识别图像中的病虫害、作物品种和土壤特性等。

通过对农田中大量的数据进行统计、分析和建模，可以提取有关作物生长、土壤质量、气象条件等方面的信息。这些数据包括来自传感器、摄像头和其他设备的数据，以及历史数据和外部数据源。大数据分析可以揭示隐藏的规律、趋势和相关性，为农民提供决策支持。

机器学习算法可以通过训练模型来识别和预测不同的情况。在农业中，机器学习算法可以用于识别图像中的病虫害、作物品种和土壤特性等。通过对大量标记过的图像或数据进行训练，算法能够自动学习并进行准确的分类和预测。基于历史数据和其他变量，预测模型可以预测作物需求、优化施肥和灌溉策略等。通过分析与作物生长相关的因素，如气象数据、土壤质量和作物特性，预测模型可以预测作物未来的生长趋势和需求，为农民提供相应的建议。

数据分析和人工智能算法可以集成到决策支持系统中，帮助农民进行决策和优化。通过实时监测、数据分析和模拟仿真，决策支持系统可以生成不同的方案并评估其效果，从而帮助农民制订更明智的决策。这些数据分析和人工智能算法的应用可以帮助农民从海量的数据中提取有价值的信息并辅助决策的制订。通过预测和优化，农业智能装备可以更好地满足作物需求，减少资源浪费，提高农田管理的效率和农产品的产量。

三、无人机技术

无人机技术在农业中的应用越来越广泛。无人机可以快速、精确地获取农田数据，如植被指数、病虫害情况、土地利用情况等。搭载高分辨率摄像头和传感器，结合机器视觉技术进行图像处理和分析，无人机为农民提供了全面的农田监测和评估能力。

无人机可以快速、高效地获取农田的图像数据，通过图像处理和分析算法识别和分析不同作物的生长情况、病虫害情况和土壤质量等因素。这有助于及时发现问题和采取相应的措施，优化农田管理策略。

通过搭载传感器和摄像头，无人机可以获取农田中的植被指数、土壤湿度等信息，从而帮助农民确定最佳的施肥和灌溉策略。无人机可以根据预设的参数和地理位置进行精确的操作，减少资源浪费和环境影响。

无人机配备高分辨率摄像头和红外热成像传感器，可以快速扫描农田并检测病虫害的迹象。通过机器视觉技术和人工智能算法，无人机可以识别受感染的植物、病虫害的类型和严重程度等信息。这有助于农民及时采取控制措施，减少作物损失。

无人机可以为土地利用规划和管理提供详细的图像和数据支持。通过对农田进行定期的监测和评估,无人机可以帮助农民确定最佳的作物种植方案、优化土地利用效率并进行土地质量评估。

无人机可以配备植保喷洒系统，实现精确的农药和化肥喷洒。通过搭载传感器和实时监测设备，无人机可以根据农田的特点和需求进行智能化的喷洒操作，减少农药和化肥的使用量，降低环境污染风险。

无人机技术在农业中的应用为农民提供了全面的农田监测和评估能力，帮助农民提高农田管理的效率和农产品的产量与质量。

四、自动化和智能控制

自动化和智能控制技术使得农业装备能够实现自主作业和远程操作。例如,农机可以通过GPS导航系统自动行走,根据预设的路径和参数进行施肥、灌溉等作业。这些设备还可以与其他智能设备和系统互联互通，实现协同作业和资源共享。

通过使用GPS导航系统和传感器技术，农业装备（如农机和无人机）可以实现自主导航和作业。它们可以根据预设路径和参数进行自动行走、施肥、灌溉等作业，提高作业效率和准确性。

利用远程控制技术，农民可以通过移动设备或计算机远程控制和监控农业装备的运行。这使得农民可以随时随地查看农业装备的状态、调整作业参数，及时采取控制措施。

智能传感器可以收集农田的各种参数数据，如土壤湿度、温度、气候条件等。这些数据可以用于实时监测和分析，帮助农民了解农田状况并做出相应决策。反馈系统可以根据传感器数据自动调整农业装备的操作参数，以实现更精确的作业。

农业装备可以通过互联网和物联网技术实现与其他设备、系统的互联互通，这使得不同的农业装备可以协同作业、共享资源和信息、提高效率和生产力。例如，无人机可以与地面机器人或自动化灌溉系统协同工作，实现更智能的农田管理。

自动化和智能控制技术产生大量的数据，如作业记录、传感器数据等。这些数据可以通过数据分析和人工智能算法进行处理，提取有价值的信息并为农民提供智能化的决策支持，优化农田管理和作业策略。

自动化和智能控制技术的应用使得农业装备具备了自主性、远程操作和智能决策支持的能力，帮助农民提高作业效率、降低成本，促进可持续农业发展。

五、物联网和 5G 技术

物联网和 5G 技术的应用为农业智能装备提供了更高效的数据传输和通信网络。通过连接不同的农业设备和传感器，实现实时数据传输和互联互通，从而实现精细化的农田管理和决策支持。

物联网技术可以将不同的农业设备和传感器连接在一起，实现数据的实时采集和传输。这些设备可以收集各种参数的数据，如土壤湿度、气候条件、作物生长状态等。通过物联网技术，这些数据可以快速传输到云端进行分析和处理，为农民提供及时的信息和决策支持。

物联网技术使得农民可以通过移动设备或计算机远程监控和操作农业设备。无论身在何处，农民都可以实时查看农田状况和农业装备的运行状态，进行必要的控制和调整。这样，农民可以更高效地管理农田，及时应对问题。

通过物联网技术采集的大量数据可以通过云端的数据分析和人工智能算法进行处理。这些算法可以识别隐藏的规律、趋势和相关性，从而提供农田管理和作业方面的智能决策支持。通过实时监测和分析，农民可以优化作物管理策略、灌溉和施肥计划等。

物联网技术结合传感器和定位系统，可以实现精确的农田管理和资源利用。例如，通过 GPS 导航和传感器数据，农业机械可以根据预设路径和参数进行自动化作业。这样可以减少资源浪费、提高生产效率，降低对环境的影响。

物联网技术使得不同的农业装备和系统互联互通，实现协同作业和资源共享。例如，无人机和地面机器人可以协同工作，在农田监测和作业中发挥各自的优势。通过云端平台，农民可以与其他农业专家等共享信息和资源，进一步提高农业的效率和质量。

物联网和5G技术的应用为农业智能装备提供了更高效的数据传输和通信网络，促进了农田管理和决策支持的精细化、智能化。它们有助于提高农业生产的效率和质量，推动农业向更可持续的方向发展。

第二章

国内农业智能装备技术现状与展望

第一节

国内农业智能装备技术发展概述

人工智能是农业装备实现智能化的关键核心技术。在集成了人工智能、北斗卫星导航（定位）、电子传感器、“农业4.0”等现代高端信息技术后，农业装备智能感知、智能控制、智能决策、自主作业、智能管控等方面就由“聪明智能”的机器来自主完成。无人农场在这些科技前沿装备的武装下，由10多年前的不可想象变成了我国农业生产的“现在进行时”。我国农机制造在融合大数据、云计算、物联网、人工智能等信息技术后，使农业生产实现了“智能在端、智慧在云、管控在屏”的智能农机系统发展新业态。在此条件下，现场控制智能化、云端决策智慧化、监控调度移动终端化正在成为现实。

一、人工智能如何改造传统农业

人工智能正在颠覆传统农业。这并不是夸大其词，我们所熟知的农业正在被重新定义。一听到农业，大部分人脑海里浮现的是这样的场景：农民顶着烈日，开着拖拉机在广袤的田地上辛勤劳作。但是，这种场景以后可能看不到了。

过去10年里，室内种植技术取得长足进展，设施农业的发展前景越加清晰可见，它正变得越来越受欢迎。之所以会产生在室内进行耕作这种想法，最主要的原因就是想要加强控制。通过室内农业，农作物的生长环境可以得到充分的掌握。只要动一下鼠标给电脑一个指令，任何因素（光线、温度、二氧化碳浓度、肥料、水、通风等）都可以优化控制。这种控制会带来显而易见的好处，比如农作物产量提升、成熟速度加快、耗水量减少等，凡此种种，在一小块土地上就都可以实现了。

（一）人工智能如何振兴农业

人工智能通过利用实时数据，采用一系列方法优化农作物生长，以此改良农业。如前所述，室内农业可以通过监测各种因素来掌控农作物的生长环境。

举例来说，某农业科技公司通过其安装在客户生产系统的智能化控制装置，测量了一系列数据，包括光谱、光周期(昼/夜循环)、光照度、灌溉计划、肥料、通风、温度、湿度及二氧化碳浓度。接着，他们通过机器学习算法对这些数据进行处理，制订出合理的干预程序。掌握足够的数据库并通过训练，该系统能够通过作物叶子的颜色来检测作物的健康状况。一旦识别出问题，就会立即开始应对。这里具体的问题是什么不是很清楚，但可以先假设问题在于缺乏光照。那么，人工智能就会增加被监控作物的光照时长。请注意这里的说法，增加的是特定的某一作物的光照时长。没错，人工智能可以做到对每一株作物和每一托盘植株进行个性化照料。实际上，当前的人工智能已经可以帮助我们轻松实现将数千种作物种植在同一片土地上，并且同时分别给予特殊照顾，使得每一种作物都能够蓬勃生长。实现这样的操作依靠的是人工智能的一个技术分支——机器学习。室内农业的大机器从每个种植周期中收集大量的测量数据。然后，机器学习算法对这些数据进行处理，从中学习以实现作物下一个生长周期的优化。每一次种下一株植物时，一次生长流程追踪就开始了。最终，这些记录汇总成种植某种作物的“秘方”。这个“秘方”之后可以用于该种作物的种植，勾画出其合理的生长轨迹，以实现我们满意的收成。有了这些数据，我们不仅可以知道种植一株植物的用水量，还可以知道何时浇水合适，其他指标也是同样的道理。但是，它能做到的还远远不止这些。“秘方”会不断进行自我完善，以高效的方式使每种作物达到最优种植模式。通过对作物生长过程中每一个因素做出细微的调整，从而找到其合适的生长模式。甚至针对同一种作物的每一个托盘，其具体影响因子也可以调整。也就是说，生产一旦开始，成千上万场提高产量的实验也就开始了。而且，最妙的地方是：这些实验不会带来额外的生产成本。最后，当作物到了丰收的时候，完成所有种植并进行科学测验的这套系统也会通知工作人员，告诉他们哪些托盘的作物应该收割了。从种植到收割，人工智能改良了整个农业生产流程。人工智能为室内农业提供了一套自动化管理系统，有了这套系统，种植越多，了解就越深入。

（二）人工智能使未来农业成为真正意义上的田园牧歌

现在，人工智能对室内（设施）农业的影响在商业和消费领域已经显现出来了。为了实现在最短的时间内将食品送上门的目的，需要配套的基础设施。设施农业就提供了这样的基础设施，可以实现在任何地点耕作且在最短时间内产出的目标。实现设施农业的战略性选址，就可以打破运输带来的瓶颈，同时提高产品新鲜度。此外，消费者对有机食物的需求是一个商机。设施农业就是有机的，生长环境得到控制，也就不需要农药了。

一些公司正致力于将有机农业带到消费者家中。农业科技公司研制出一种小型的设备，长得像一个迷你冰箱，可以种植任何东西。这个设备带有一个集成式的应用程序，只要输入正在种植的作物类型，剩下的就都可以交给设备了。它会在可以收获的时候发出提醒，也可以通过内置摄像机实现对作物随时随地的监测。诸如此类的创新可能会就此改变我们的生活，人工智能和设施农业在解决粮食短缺问题等方面起到至关重要的作用。

我们认为，人工智能和设施农业也可以被视为希望之业。农业与技术的新结合让我们满怀希望：有一天，世界上每个人都能获得稳定持续的食物来源将梦想成真。

二、“农业 4.0”

“工业 4.0”紧锣密鼓，在世界范围内高歌猛进。得到“工业 4.0”成果支撑的“农业 4.0”犹抱琵琶半遮面，但还是让人们得见其中一二魅力，纷纷希望占得先机。

（一）“农业 4.0”的诞生

2015 年，国家出台了《中国制造 2025》，提出了坚持“创新驱动、质量为先、绿色发展、结构优化、人才为本”的基本方针，坚持“市场主导、政府引导，立足当前、着眼长远，整体推进、重点突破，自主发展、开放合作”的基本原则，通过“三步走”实现制造强国的战略目标：第一步，到 2025 年迈入制造强国行列；第二步，到 2035 年中国制造业整体达到世界制造强国阵营中等水平；第三步，到中华人民共和国成立100周年时，综合实力进入世界制造强国前列。

《中国制造2025》确立了我国五大战略领域：制造业创新中心(工业技术研究基地)建设工程，重点推动行业转型升级和新一代信息技术、智能制造、增材制造、新材料、生物医药等领域创新发展；智能制造工程，紧扣关键工序智能化、关键岗位机器人替代、生产过程智能优化控制、供应链优化，建设重点领域智能工厂/数字化车间，分类实施流程制造、离散制造、智能装备和产品、新业态新模式、智能化管理、智能化服务等试点示范及应用推广，建立智能制造标准体系和信息安全保障系统，搭建智能制造网络系统平台；工业强基工程，针对重大工程和重点装备的关键技术和产品急需，支持优势企业开展政产学研用联合攻关，突破关键基础材料、核心基础零部件的工程化、产业化瓶颈，强化平台支撑，布局和组建一批“四基”研究中心，创建一批公共服务平台，完善重点产业技术基础体系；绿色制造工程，更加注重制造业的绿色化；高端装备创新工程，开发一批标志性、带动性强的重点产品和重大装备，提升自主设计水平和系统集成能力，突破共性关键技术与工程化、产业化瓶颈，组织开展应用试点和示范，提高创新发展能力和国际竞争力，抢占竞争制高点。

到2020年，上述领域实现自主研制及应用。到2025年，自主知识产权高端装备市场占有率大幅提升，核心技术对外依存度明显下降，基础配套能力显著增强，重要领域装备达到国际领先水平。其中，农机装备重点发展粮、棉、油、糖等大宗粮食和战略性经济作物育、耕、种、管、收、运、贮等主要生产过程使用的先进农机装备，加快发展大型拖拉机及其复式作业机具、大型高效联合收割机等高端农业装备及关键核心零部件。提高农机装备信息收集、智能决策和精准作业能力，推进形成面向农业生产的信息化整体解决方案。

（二）“农业4.0”的核心

近20年来，我国农业走过了3个发展阶段。

第一个阶段，以人力和畜力为主的传统农业（“农业1.0”）。农业生产主要靠人畜力来完成，农业成为体力劳动的代名词。生产效率低，经济效益差。

第二个阶段，广泛应用杂交种和化肥、农药的生物－化学农业（“农业2.0”）。虽然使用化肥提高了产量，但由于同时使用农药，使农产品农药残留大增，对农业生态的破坏和人类健康的伤害成为世界关注的话题。

第三个阶段，以农业机械为生产工具的机械化农业三大阶段（“农业3.0”）。农机大量应用虽然大大提高了劳动生产率，但也有污染环境、破坏土壤生产力等弊端。

现在正在实施的“农业4.0”，是以大（大数据）、物（物联网）、移（移动互联）、云（云计算）、链（区块链）和智能装备等生产要素应用为特征的智慧农业（“农业4.0”）阶段。至此，人们看到“农业4.0”的核心是农业装备智能化。时光来到2023年，经过这些年艰苦卓绝的创新发展，农业装备智能化有了长足的进展。无级变速大型拖拉机、精准变量复式作业机具、高效能联合收获机械、精量低污染大型自走式施药机械、种子繁育与精细选别加工设备、健康养殖智能化装备获得重大突破，应用于生产实践。无级变速、电控技术、液压驱动和动植物对象识别与监控系统等为代表的关键零部件效能和可靠性得到较大提高。农业物联网、云计算、大数据、5G与北斗定位导航系统使“农业4.0”胁生双翼，加速发展。农业生产的作业、服务、信息等多方位支持，使创制具有信息获取、智能决策和精准作业能力的新一代农机装备成为今后农业装备主力。数字化、智能化、清洁生产、虚拟制造、网络制造、并行制造、模块化、快速资源重组技术的应用，使农业装备产业发生了脱胎换骨式的提升。

（三）国内外“农业4.0”的应用概况

20世纪90年代中期，美国就将应用于海湾战争的卫星导航系统安装在农业机械上，从而领导美国农业机械在世界上率先走向高科技、高性能、智能化。全美20%的耕地、80%的大农场实现了大田生产全程智能化、数字化，平均每个农场约拥有50台连接物联网的设备，一个农民可以耕作2700亩土地。

我国智能化高端农机从无到有，发展应用迅猛。尽管早在2012年，我国农机产业就已问鼎全球第一，同时又是世界第一农机使用大国，却远非农机强国。突出表现在农业装备的数字化、信息化、智能化尚处于起步阶段，与美国、以色列、日本、韩国和欧洲等发达国家及地区相比差距很大。我国农机整体研发能力较弱、核心技术有待突破、关键零部件依靠进口、基础材料和配套机具质量不过关等问题成为影响智能农机发展的最大制约，已突破的一些前沿技术只限于局部点状应用。虽然我国综合农机化率达 74%，但是，大田高端智能农机应用落后于发达国家约 15 年。在山区、丘陵地区农业生产中，存在“无好机用”“有机难用”等突出问题，农民感叹“大型机械不能用，小型机械笨又傻（功能单一）”，农机“不够聪明”成为制约我国农业现代化水平的关键因素，发展“聪明”的智能化农机已成为农业机械化发展的新趋势。

（四）如何发力“农业 4.0”

当前，我国农业科技贡献率已达 60%，而发达国家高达 85%。差距就是发展潜力，发展农机智能化正逢其时。从政策层面看，近年来，中央一号文件和各省、自治区、直辖市均要求加快智能化农机研发、应用和推广；从技术层面看，5G 技术、北斗卫星导航技术、电液控制技术、作业监测等现代农机装备技术趋于成熟。为此，我们必须抓住机遇，顺势而为，加强农机智能化研发和落地应用，推进农业机械化全程全面发展，给农业插上科技创新的“金翅膀”，让越来越多的农民挑上农业现代化的“金扁担”。

一是农机智能化是一项系统工程，需要各方努力，形成合力，抓住机遇，推动发展。抓住“十四五”的时机，加快研究制订国家和省级层面的“十四五”智能农机发展规划和相关专项计划,以科学规划引领农业机械化智能化发展。

二是要统一规划建设智能农机管理信息系统平台。在大田作物、水产养殖、畜禽养殖、特色菌果茶菜和中药材等领域，分类建设机械化智能化应用示范基地，尤其在粮食生产全程机械化示范县中率先建设一批智能 / 无人农机“示范农场”。

三是要加强财政、金融、人才支持。国家层面设立高端和智能农机装备研发专项基金，持续推进基础设施“宜机化”配套，发展与适度规模经营相适应的农机服务。国家和地方层面应成立智能农机专家智库，加强相关装备与技术研究、标准和规范制订、技术培训和指导、决策咨询等工作，形成上下联动、相互支持、协调推进的技术指导机制。

四是把发展家庭农场等农业规模经营与推进“农业 4.0”有机结合。我国的基本国情是 18.3 亿亩耕地由约 2 亿农户耕种，户均经营面积 9 亩左右。如果要使种粮农民家庭人均收入达到城镇职工收入水平，人均种植业面积应达到 50 亩以上，家庭种植业面积应在 150 亩以上。达到这个最小规模，其取得的收入才有可能在经济投入上有能力应用高科技农业装备，来提高农业的质量和效率。通过“农业 4.0”，使农民在田间作业、设施栽培、健康养殖、精深加工、储运保鲜等重点环节用上“聪明农机”；把自动驾驶、播种监控、作物产量空间分布差异性监测、变量施肥、农药变量喷洒、智能化水肥一体、动植物病疫情在线诊断技术等当作“农业 4.0”的优先发展方向。“农业 4.0”在应用初期就要注重操作的灵便性，加快多功能、“傻瓜”式、经济型智能农业装备的研究开发，变“传统制造”为“现代智造”，达到以电子化实现数字控制、网联化实现互联互通、智能化实现人机耦合（或无人操作），推动农机装备和技术主动适应农业规模化、精细化、设施化等要求。

五是国家要支持促进。智能化农业装备比普通农机造价高，因此应实行有区别的机补政策，引导农业生产经营者应用先进智能机械，推动农机升级换代。农调发现，农机手普遍希望加强自动导航、无人驾驶、精准作业、智能监测、物联网、“互联网 + 农机作业平台”等机械化信息化融合装备与配套农艺技术培训。要在新型职业农民培育中强化对农民应用智能化农业装备的使用培训工作，做到围绕生产需求开展培训，提高其开展农业智能化生产经营的能力。

三、农业智能装备技术发展概述

智能化的农业机械设备中存在的中央处理器芯片可以把传感器传回的基础信号或其他相关的应用打造成机械化、智能化的管控模式，将中央处理器芯片、指挥系统、相关的操作人员三者一体化，实现信息的及时交流。农业机械设备的智能化模式是当下农业快速发展的重要环节，是未来农业进步的基础条件。

（一）农业装备智能化的特点

现代化的智能农业装备，指的是在设备当中安装CPU（俗称中央处理器）及负责不同功能的传感器和科技感十足的5G信息网络系统。农业装备的智能化服务可以使相关的农业生产环节更加完善，从而减少工作人员手动操作时间，大大提升工作效率。智能化农业装备内安装的多种传感器，不仅仅只是对作业的过程进行监控，还可以快速的绕开不利于工作的环境条件，把机械设备一直控制在最好的工作状态之中，从而大大提升工作的操作安全性和技术的可靠性。虽然中央处理器芯片是个“小个子”，但它的工作能力和处理能力是极其强大的。

（二）国内外农业装备智能化的发展现状

1. 国外研究情况。现阶段，大多数发达国家的农业生产条件已经完全实现了机械化、智能化。很多发达国家将农业装备和农业园艺融合到一起，把农业装备的智能化全面落实到实际的生产中，切实做好农业的精确化发展。日本的小型智能化农机装备种类齐全，农作物生产全部实现智能化控制。美国依靠全球卫星定位系统和计算机技术进行因点、因苗精确施肥喷药，使农业智能化管理更进一步，推动了农机智能的飞速发展。

2. 国内研究应用情况。我国由于各个区域的地理条件差异很大，农作物的生长环境不同，这就使市面上存在的农业机械种类繁多。改革开放以来，我国就开始重视有关农业机械设备的研究，在精准农业机械设备方面，很多的农业机械企业开始进军智能化农业装备的研发，从而使我国的农业机械智能化技术水准得到了持续的提升。现阶段，我国的东北地区和新疆等地的大型综合市场已经设有智能化农业机械设备的站点。近些年来，我国在不同农业生态下开展了17个无人农场试验示范，取得了大量的基础性成果，其基础就是智能农机的应用。

从我国的农业机械发展报告中可以看到，现阶段我国的东方红X-804型号拖拉机的研发设计已经装备了DGPS自动导航控制系统，这一系统的安装能够将拖拉机的自动化处理、智能化水准大大提升，从而将拖拉机无人驾驶的愿景变成现实。我国的智能化农业装备目前主要以智能化的播种机械设备、智能化的施肥机械设备、智能化的喷药机械设备、智能化的灌溉机械设备、智能化的收获机械设备等为主，应用于农业生产。

（三）我国农业装备智能化发展的三大重点

1. 人机交互。因为自动化的操作需求，电子监控设备需要准确安装到农业机械设备当中，从而使相关的操作人员在具体的应用中更为轻松，只需要观察显示仪上的标准数据，随时进行工作量多少的调整和工作速度的快慢调整就能够顺利地完成指定工作，而且还能够通过显示仪上的数据及时掌握机械设备的工作情况，如果机械设备出现损坏或故障问题，工作人员就能在第一时间进行故障排除的相关工作，从而使任务保质保量地完成。

2. 精准农业。及时地了解农作物的生长情况和种植土壤中含有的水分和养分情况，依据农作物在每个生长阶段不同的生长条件所需要的水分和养分情况做到精准的营养供给，这就是精准农业，是其他技术达不到的。我们还可以通过模型数据的分析预判农业生产中即将出现的情况，从而直接避免风险产生，大大减少时间成本和生产成本，间接提升土地的使用效率。现代化的智能应用都要以先进的科学技术为基础。所以，发展我国农业机械设备的智能应用和计算机网络技术应用也是快速发展农业现代化要走的必经之路。

3. 农业装备管理信息化。现代农业装备的管理模式都是以智能化为主，将现有的农业机械的配置、机械的状态、机械的实时调度整合到一起。利用好农业机械设备的高效作用，是一项极具规模的、系统庞大的工程。在农作物的种植区域，大量收集相关信息和材料，从实际应用的角度出发，去了解当地农作物的生长条件和生长环境，充分发挥机械设备科技化的能力。通过建立农场办公室计算机与移动作业机械的无线通信，能够与作业机械实现数据的交换，从而建立起合理化、完整化的农业装备详细管理信息系统，将农场管理调度中心的计算直接应用到耕地作业机械智能终端存储，然后快速、灵活地调用读取相关的作业数据，再存入到农场计算机的大数据库之中。与移动作业机械相比，农场计算机具有非常强大的信息存储、信息处理、专家知识库和管理决策支持等特点，通过对传感器采集的数据进行分析处理以后，能够制订出详细的作业计划和可行性操作方案。现阶段的农业生产水平与科技化的农业装备是相辅相成、息息相关的，要想切实地应用好现代化的机械设备就离不开智能化的电子设备和先进的计算机网络技术。科技化的农业装备在当代的农业生产过程中有极其重要的作用，科技化的机械设备不仅能够使农业的生产成本大大减少，同时还能更为合理的利用现有资源，在环境保护的问题上也能起到很好的推进作用。农业装备的现代化设计可以大幅度提高农业生产的整体效率，能够把农业生产的智能化推向更为快速的发展方向，对于广大的农民和我国的农业水平都具有深刻的、长远的影响。

四、农业机器人最新成果

农业机器人是用于农业生产的特种机器人，是一种新型多功能智能化农业机械，是“互联网+”在农业机械上应用的结果。农业机器人的问世，是现代农业机械发展的结果，是机器人技术和自动化技术互融发展的产物。农业机器人的出现和应用，使农业装备有了人一样的思考和判断能力，会“代替”人从事农业生产，会彻底改变传统的农业劳动方式，大大提高劳动生产率，使农业劳动真正变成田园牧歌，促进现代农业的发展。下面，我们介绍典型的农业机器人，供智能农机装备研发生产企业和农业生产者参考。

（一）施肥机器人

国内已研制并应用基于北斗定位导航的智能化变量播种、施肥、旋耕复式作业机具——施肥机器人。使用表明，这种智能化机具可一次完成耕整地、播种、施肥等多种作业。适用于小麦、大豆、油菜等多种作物，操作简单，通过电脑显示屏设置和调控机具作业参数就可实现。作业效率、质量明显提高，达到节约种、肥、药和节能降耗的目的。山东省农机院、潍柴雷沃等研制的 2BYFZ-4 智能型玉米精量播种施肥机，采用自主研发的种、肥专用传感器，具有种子和肥料检测与自动补种、补肥及自动疏通装置，以及基于 CAN 总线专用控制器与触控软件系统。前者完成已播种数、重播数、漏播数的计量，以及缺种、堵塞故障报警、自动化补种；后者能实现株距与施肥量的电动无级调节。

（二）除草机器人

我国对自动对靶喷雾技术等识别性变量喷药技术进行了长时间的深入研究，已开发出相应机具应用于农业生产。如将红外探测技术、自动控制技术应用于喷雾机上，研制出果园自动对靶喷雾机，可以较好地解决现行果园病虫害防治问题，大大提高了农药利用率，减轻甚至消除药害，解决了环境污染问题。约翰迪尔 4630 自走式喷雾机在我国生产，已广泛应用于国内玉米、棉花、高粱、甘蔗等高秆作物的精准植保作业，表现非凡。

（三）果蔬智能采摘机器人

我国已研制成功果蔬智能采摘机器人。研制者为了实现对樱桃、番茄果串的识别定位，提出一种基于视觉伺服技术的激光主动测量方法，通过实时获取果串内果粒的图像坐标，控制执行部件动态，调整摄像机的空间姿态，对不同果粒进行对靶测距，据此测算果串外形参数，为采摘机器人自动采收提供依据，适用范围是樱桃、番茄的采摘。

（四）育苗和移栽机器人

近年来，国内育苗和移栽机器人研发取得重大突破。国家农业信息化工程技术研究中心环境控制部门与华南农业大学联合研发的气力旋转自动嫁接机主要以西瓜、黄瓜、甜瓜为嫁接对象，嫁接生产率达 450 株 / 小时以上，嫁接成功率 90%以上。由东北农业大学研制的 2JC–350 型插接式自动嫁接机，结构简单、成本低，操作方便，生产率为 350 株 / 小时，经改进后生产率已达 500 株 / 小时。由于采用插接法进行机械嫁接，不需嫁接夹等夹持物。适用黄瓜、甜瓜和西瓜的嫁接作业，嫁接成功率达 93%。上海帅耀诺机械科技公司研发的 SOP–TJ800 型蔬菜嫁接机，适合于西瓜、黄瓜、甜瓜、茄子、辣椒、西红柿等作物的嫁接作业。秧苗旋切方式作业，切削质量好。需 2 人上苗操作，生产效率是 800 株 / 小时，嫁接成功率为 98% 。由天津市农机研究所和天津市静海县兴盛机械有限公司共同研制的便携式蔬菜自动嫁接机，采用负压吸附固定系统、电磁铁为动力的旋转切削系统、嫁接苗垫板系统和砧木压叶等结构，设计独特，实现了固定苗却不伤苗、不脱落，快速切苗、伤口污染少，将生长点完全切下且不切伤子叶，属国内首创。该机具能满足黄瓜嫁接的农艺要求，可减轻农民劳动强度，为蔬菜生产机械化提供了一种先进实用的生产机具。在寿光蔬菜博览会上，由寿光科技人员自主研发的智能机器人穿梭于菜架中，采摘、管理动作精准流畅，让游客在零距离接触中感受智能化种植带来的便捷和高效。

据了解，以上这几种机器人的能源系统是利用太阳能电池板将太阳能转换为电能，通过变压变频用蓄电池将电能存储起来。当机器人电量不足时，自动搜索充电地点，自动完成充电对接。当机器人充电完毕后，再继续执行上次未完成的任务。

（五）黄瓜采摘机器人

中国农业大学的袁挺等于 2009 年研制了国内第一台黄瓜采摘机器人，机器人采用履带式移动底盘和机器视觉导航。目标识别则采用双目立体视觉，为了更好地区分同为绿色的叶片和果实，加设了 830 毫米的近红外带通滤波。目标识别定位后，由自由度轻型机械臂带动双指式机械手抓持目标，然后由摆动气缸带动刀片实现对瓜柄的切割。采摘成功率达 85%，单根黄瓜采摘耗时 28.6 秒。

（六）收棉花的机器人

南京农业大学工学院副教授王玲所在的团队研发出一种机器人，不仅可以采摘棉花，还能迅速、准确地判断出籽棉的品级。

对农民来说，收棉花是一件苦差事，而且人工采棉耗费的成本相当大，所投入的劳动力约占整个生产过程的 50%。例如，在新疆生产建设兵团，种植 700 万亩棉花，每年付出拾花采摘费近 4 亿元。王玲和团队研制的这种机器人在采摘前就知道哪片地里的棉花质量好、哪片地里的棉花质量差，从而避免重复或无谓劳动。而在种植时，只需让棉花植株的种植间距满足机器人的宽度，棉田留予一定的条宽来满足采摘机械手的工作幅宽。

（七）喷雾打药的机器人

一台三四人高的庞然大物，其绿色外壳造型特异，酷似科幻影视作品中的“外星人”，但它其实是北京一家植保公司与意大利、西班牙的相关合作者合作生产的喷雾机器人。

据了解，发生玉米黏虫灾害时，农民大概以每人 150 元 / 天的价格雇人打药，仍雇不到足够的人手。而玉米成熟时秸秆高度一般都接近两米，普通的悬挂式喷杆喷雾机根本下不去地。而这种“外星机器人”可自由调节行距和高度，其独特的设计可轻松进入各种高度作物的田地，不会对作物造成损伤。

目前，发达国家在农业机器人研发上投入较多，进入实用的农业机器人近 600 款。我国在农业机器人（智能化农业装备）研发上近年来突飞猛进，取得了大量成果并应用于农业生产。但是，总的来看，起步晚，进展快，后来居上仍需时日。根据国内外农业机器人研发应用来看，未来我国农业机器人研制应从以下 3 个方面力求突破。

一是智能化的农作物识别定位系统，包括硬件和软件的图像、信息处理。目前，识别定位方法除了机器视觉外，还应用激光及超声等技术手段。双目立体视觉、主动移动式视觉应该受到关注。

二是柔性采摘灵巧手取代机械臂，以减少对作业对象的损伤，提高其实用性。

三是应研发专用型机器人。农业生产品目繁多，我们不能指望研发通用型农业机器人。农业生产中，品种、高矮、大小、形状、软硬、作业要求等各不相同，几乎每种农作物的生产都要有相应的机器人。这一方面说明了工作的难度大，但另一方面也展示了其广阔的前景，以及其潜在的巨大市场需求。

我国要后来居上，赶超先进技术，研制工作应走引进吸收、借智创新、超越提高的路子，以尽快形成我国农业机器人（智能化农业装备）体系，满足农业发展对农业装备转型升级的要求，提高农业智能化水平，推动农业现代化发展。

五、国产智能农业装备最新应用成果

智能化（有时亦称变量）作业机械主要包括拖拉机、播种机、施肥机、整地机械、田间管理机等作业机具，其智能化应用如激光平地、变量施肥与喷药，以及机具作业状态的监控、故障报警等。

（一）智能化拖拉机

国外农机多年的发展经验表明，采用智能化、自动化的作业方式是农业发展的必然趋势，是发展高效节本农业的有效途径。农业发达国家在采用了高度自动化的作业机械后不仅提高了工作效率、降低了作业成本，而且还提高了其农产品在国际市场上的数量和价格优势。拖拉机等自走式动力机械在行走、操控、人机工程等方面实现了智能化。

利用GPS自动导航、图像识别技术、计算机总线通信技术等，大大提高机器的操控性能；通过优化设计驾驶室、驾驶座、方向动力控制、空调装置等减轻机手的劳动强度，提高操作的舒适性，实现拖拉机系统内按钮操作。

加大控制系统的科技含量，使机手通过仪表装置就可以随时了解农机的生产、安全等技术指标和使用状态，从而使拖拉机产品发挥出最大效能。

综合应用信息技术、先进加工工艺，在拖拉机产品上应用计算机及全球卫星定位系统（GPS、北斗卫星导航）、地理信息系统（GIS）、卫星遥感系统（RS），高精度的机、电、液（气）一体化等与拖拉机产品的有机结合，提高作业效率，降低消耗。

驾驶室内的计算机具有统一设计的标准接口，与不同的农机具配套使用；智能化的动力机安装信息显示终端，操作者可任意选择菜单中显示的机组不同终端信息，调用数据库信息；通过显示的数据、图形、语音等多媒体信息实现多种方式调节，使作业更轻松、高效、高质量。美国已应用的激光导航拖拉机，能够精确测定拖拉机所在的位置及行走方向，误差不超过25厘米。国内的一拖、福田等农机巨头研发的智能化拖拉机表现不凡，如东方红X-804拖拉机安装载波相位差分全球定位系统（DGPS）自动导航控制系统，使该拖拉机的自动化、智能化水平大大提高，实现了无人驾驶作业。

目前，国产的多款智能化大功率拖拉机已完成田间作业考核，进入实际应用，呈现“井喷”式增长。自动导航产品突破了农机自动导航关键技术，还研制了基于电机和电液控制的自动转向驱动装置，开发了国产化农机自动导航产品，田间作业导航和直线跟踪精度控制在5厘米以内，性能指标达到了国际先进水平。农机自动导航技术产品的研发，打破了国外同类产品的垄断，比其价格降低了1/3。

（二）智能化收获机械

联合收割机装备有各种传感器和导航定位系统，既可收获各种粮食作物，又可实时测出作物的含水量等技术参数，形成作物产量图，为处方农作提供技术支撑。如美国卫西·弗格森公司在联合收割机上安装了一种产量计量器，能在收割作物的同时准确收集有关产量的信息，绘成产量分布图，农场主可利用产量分布图确定下一季的种植计划及种子、化肥和农药在不同小区的使用量。日本研制的自动控制半喂入联合收割机，其作业速度自动控制装置可利用发动机的转速检测行进速度、收割状态，通过变速机构实现作业速度的自动控制，当喂入量过大时，作业速度会自动变慢。

智能化粮食收获机械是当今国内智能化农机装备研究的重点和热点，目前，我国已研制开发出实用化的大型智能化粮食收割机。如国机集团所属的中国农机院研制出智能型10千克/秒通用性多功能谷物联合收割机，创造了中国收割机最大喂入量纪录，凭借自动化、智能化控制等先进技术打破了国外技术垄断和市场垄断，可用于水稻、小麦、大豆等粮食作物收获。中国一拖、潍柴雷沃等实力型农业装备企业创新研发的基于北斗卫星导航定位系统、GPS定位系统的精准农业远程信息化服务系统，能够对收割机故障进行远程实时诊断并能指导维修作业。喂入量5千克/秒~10千克/秒的智能化联合收割机已由沃得农机、潍柴雷沃、中联重机等国内农机企业批量生产，可为广大用户提供近60款的产品。

（三）智能化喷药机械

智能化喷药机械能提高农药利用率，减少对土壤、水体、农作物的污染，保护生态环境。如作为智能农机领域中的引领者，美国约翰迪尔公司生产的自走式精确喷雾机具有灵活高效、作业精准等诸多优势；德国推出的一种莠草识别喷雾器，在田间作业时能借助专门的电子传感器来区分庄稼和杂草，只有当发现莠草时才喷出除莠剂，除莠剂使用量只有常规机械的10%甚至更低，减少了对环境的污染；俄罗斯研制的果园对靶喷雾机采用超声波测定树冠位置，实现对果树树冠的喷雾，大幅度减少或基本消除了农药喷到非靶标植物上的可能性，节省农药达50%，生产效率提高20%。

国内对自动对靶喷雾等变量喷药技术进行了较深入的研究，结合生产实际开发了相应的机具。如将红外探测技术、自动控制技术应用于喷雾机上，研制出果园自动对靶喷雾机，较好地解决了现行果园病虫害防治存在的农药利用率低、污染环境等问题。2012年，作为智能农机领域中的领导者，约翰迪尔4630自走式喷雾机在我国已实现本土化生产，目前已广泛地应用于国内玉米、棉花、高粱和甘蔗等高秆作物的大面积、高效率和精准植保作业。

（四）智能化施肥机械

施肥机可以在施肥过程中根据作物种类、土壤肥力、墒情等参数控制施肥量，提高肥料利用率。如美国Ag-Chem仪器装配公司生产的施肥系统可进行干式或液态肥料的撒施，该系统通过电子地图内叠存的数据库处方，可同时分别对磷肥、钾肥和石灰的施用量进行调整；日本久保田株式会社推出了农业服务支援系统“久保田智能农业系统（KSAS）”，该系统的正式套餐中，联合收割机搭载了与KSAS对应的传感器，插秧机附带电动调节施肥量的功能，对应农机连动制作产量分析及施肥计划。

国内山东省农机科研院、福田雷沃国际重工股份有限公司等单位研制出2BYFZ-4型智能玉米精密播种施肥机，该机采用自主研发的种、肥专用传感器分别设计了种子检测与自动补种系统、化肥检测与自动疏通系统，以及基于CAN总线的专用控制器与触控软件系统等3个主要系统。

（五）智能化灌溉机械

灌溉机械的智能化不仅可大量节约用水，而且还省工、省时。如美国瓦尔蒙特工业股份有限公司和ARS公司开发的智能红外湿度计，被安装在农田灌溉系统后，可每6秒读取一次植物叶面湿度，当植物需水时，灌溉系统会及时通过计算机发出灌溉指令向农田中灌水；美国、以色列等国在大型平移式喷灌机械上加装GPS定位系统，结合存放在地理信息系统中的信息和数据，通过处方实现农作物的人工变量灌溉。此外，目前发达国家已实现喷水和施肥、喷药同步进行的一体化作业。

国内将计算机与分布于农田内的各种传感器，如土壤水吸力、管道压力、流量、空气温度、空气湿度、雨量、太阳辐射、气压等传感器进行相连，实现数据采集自动化，同时对采集到的各种数据信息进行计算、分析，其结果不仅可作为确定精确的灌溉时间和最佳灌溉水量的依据，而且还可根据决策结果对灌溉设备进行自动控制与监测。

（六）智能化播种机械

智能化播种机械能根据播种期田块的土壤墒情、生产能力等条件的变化，精确调控播种机械的播种量、开沟深度、施肥量等作业参数。如美国艾奥瓦州生产的“ACCU-PLANT”播种机控制系统可附加在各类播种机上，通过该系统调控播种机上的播种量计量装置，实现不同地块的播种量调整。另外，部分条播机还加装了可同时撒施肥料、杀虫剂和除草剂的撒施装置，将这些装置的驱动机构与播种机计量装置联结在一起，能实现撒施量与播种量大小的同步调整与变化。

国内研制了基于全球定位技术的智能变量播种、施肥、旋耕复合机，在一些农场投入使用。此类机械具有复式作业功能，可一次性完成耕整、播种、施肥等多种功能，适用于小麦、大豆、油菜等多种作物，操作简便，通过电脑触摸屏调控机具作业参数。

（七）智能化设施农业装备

目前美国、日本和欧洲等发达国家及地区已形成温室成套装备，其温室结构、环境控制设施设备，以及室内作业机械装备的制造技术都非常成熟，向高度自动化、智能化方向发展，已建立不受或很少受自然影响的全新农业生产技术体系。如荷兰的温室能够常年稳定地生产蔬菜和花卉，黄瓜、番茄等作物的产量可以达到40千克/平方米～50千克/平方米；设施农业中的植物工厂则完全摆脱了自然环境对植物生长的影响，其产量可达到常规栽培的几十倍甚至上百倍。

国内许多机构利用计算机技术、传感器技术、通信技术研制出温室环境监测和自动控制系统，不仅可自动监测温室内的气候和土壤参数，而且还能自动控制温室内配置的所有设备的优化运行，如开窗、加温、降温、加湿、补光照、二氧化碳补气、灌溉施肥、环流通气等；与此同时，利用物联网、互联网、大数据和云计算等先进技术，研制远程监控系统，能通过手机或计算机实现温室可视化远程监控。

（八）农业机器人

当前，国内农业机器人的研究也已取得了一定的成果，如中国农业大学研制出的蔬菜嫁接机器人，南京农业大学、上海交通大学、西北农林科技大学、陕西科技大学等高校已成功研制出采摘草莓、黄瓜、茄子、番茄等水果蔬菜的农业机器人和用于除草的农业机器人。但是，总体上处于研究试验阶段，进入实用化的农业机器人则很少。

（九）智能化插秧机

与传统的插秧机不同，智能化插秧机应用北斗卫星定位系统，工作人员只需要在插秧机操控台上提前设置好秧田的出发点和转弯点，无人驾驶的插秧机就可以做到自动规划插秧路径、自动避障、掉头和转弯。通过导航系统提前规划好路线，插秧的直线精度可达3～5厘米。这样一来，可实现增产5%，同时劳动强度降低1/3。

国产“丰疆”等10余款高速无人驾驶插秧机实现了水田原地掉头对行、秧盘自动提升等功能，已在多地投入水稻插秧生产实践。

（十）智能化农机管理

农业机械性能发挥程度和使用率高低受许多条件限制，既受农机具的保有量、配置和状态的制约，又受作物生长情况、气候变化等因素影响。只有在一个农场或区域形成一个高效的农业生产管理网络并实现农机具的智能化管理，才能充分发挥各种农业机械的效率与作用。

农机具管理智能化包括机具配置、机具状态监控、实时调度和维修保养的智能化。欧洲一些大农场已建立和使用农场办公室计算机与移动作业机械间通过无线通信进行数据交换的管理信息系统，通过该系统不仅能够制订详细的农事操作方案和机械作业计划，而且驾驶员还能根据作业机械显示的相关数据，调整机械作业的负荷与速度，确保机组能在较佳的工况下运行；与此同时，利用作业过程采集的数据，通过系统运算和处理，能够实现如作业面积、耗油率、产量的计算、统计及友好的人机界面显示等智能化功能。日本洋马株式会社的农机“智能助手”，通过搭载在农业机械上的GPS天线和通信终端，农机能够自动发送位置、运转及保养方面的信息，每天自动生成作业报告，还可实现监视防盗、运转状况管理、保养服务、突发问题自动通知与迅速应对等方面的功能，该“智能助手”不仅能自动支持农业机械作业，还可与第三方公司提供的农业云应用程序“facefarm生产履历”配合使用，进一步提高效率。目前，该“智能助手”已在日本全国推广应用。

国内一些省份的农机管理部门和高校及有关公司合作，利用“互联网+”实现了农机智能化管理。宁波市农机总站与中国移动宁波公司合作建设“智慧农机”信息服务平台，该平台整合了无线通信、农机定位、地理信息、计算机控制等先进技术，能实现农机定位、农机调度、农机作业面积统计计算等功能，通过几年试点工作，现已取得较好成效。中国移动湖北公司为湖北省农机局研发了“农机宝”手机App智能应用系统，为湖北省农机手免费提供农机作业电召信息、农机维修及加油站点位置服务等九大类手机智能应用服务。浙江大学正呈科技有限公司与江苏北斗卫星应用产业研究院联合开发的“北斗农机作业精细化管理平台”能为农机作业提供定位监控、指挥调度、面积统计、信息管理等智能化精细化管理服务，经浙江省一些县市农机管理部门使用，反映效果好，目前已进入加快示范推广阶段。

第二节

国内农业智能装备技术发展展望

一、国内农业智能装备技术应用现状

（一）农机大数据平台

农机大数据平台，是基于互联网和手机客户端，服务于各级农机管理部门、合作社、维修网点、农机手的综合服务平台。该平台采用卫星定位、无线通信技术和传感技术，构筑农机综合信息化服务网络和农机综合监管网络两大服务网络，可对农机作业进行实时监管，对农机作业质量进行动态核查，对农机作业数据进行统计分析。

我国农机化信息中心建成的农机大数据平台具有以下 5 个主要功能。

①定位导航功能。在指挥中心可以实时监控到收割机的位置、状态，为跨区作业保驾护航。

②联动呼叫功能。按动加油呼叫和维修呼叫，指挥中心将随时提供技术支持，这就相当于为每台收割机配备了维修工程师和加油车。

③智能测亩功能。开始作业时，在显示屏按下“开始收割”按钮。收割结束，按下“计算面积”按钮，自动显示收割亩数。这样不仅节省了大量人力，降低了劳动强度，还提高了作业效率。

④自动计产功能。一块小麦收割结束，在按下“计算面积”按钮的同时，车载终端显示屏显现产量，传感器自动将粮食产量上传至系统平台，通过终端平台在指挥中心显示。

⑤数据统计管理功能。农机在作业的同时，终端设备把作业的位置、作业亩数、收割产量等数据上传系统平台实时存储，便于管理人员查看和管理。

近年来，农业农村部印发了《关于推进农业农村大数据发展的实施意见》，明确提出“发展农机应用大数据，加强农机配置优化、工况检测、作业种植面积、生产进度、农产品产量的关联检测能力”。农业农村部联合国家发展改革委等八部委联合印发了《“互联网+”现代农业三年行动实施方案》，积极开展农机定位耕种等精准化作业，加大国产导航技术和智能农机装备的应用，提高种、肥、药精准使用及一体化作业水平，显著提高农机作业质量和效率。

各地通过各类示范项目，试验推广了拖拉机自动驾驶、收割机精准测亩测产、机插秧自动驾驶、无人机精量施药、深松作业质量远程监控等智慧农机装备技术。2017年以来，农业农村部已批复建设了10个大田种植数字农业项目，旨在不同区域、不同作物探索构建农机精准作业系统、“天空地”一体化大田农情监测系统、农业生产精准管理决策系统和农业高效生产公共服务系统，促进农机大数据、智慧农机融合应用，形成可推广复制的大田种植数字农业生产模式。

近年来，全国农机作业信息动态监测与服务平台已投入使用。目前，该平台功能已日趋完备，可实现农机服务供需数据点对点对接、深松整地等农机作业环节实时数据采集分析和监控。各地农机化主管部门也积极通过信息平台及手机App发布农机作业服务、天气、交通、维修网点等实用信息，引导开展精准便捷服务。2017年、2018年“三夏”期间，各地通过信息平台发布作业服务意向均覆盖1亿多亩农田。

近些年来，主管部门加强重点关键技术攻关，支持开展农机定位导航、农机变量作业、农机运维智能管理等技术和装置的研究，支持优势企业研发生产智能农机装备。通过农机购置补贴及其他相关专项补贴鼓励农业经营主体购置使用智能农机，继续依托数字农业建设项目完善农业生产智能决策系统，为智慧农机规模化应用奠定基础。依托高校、科研单位和创新企业建设农机大数据科研创新基地、国家级农机大数据重点实验室和工程技术研究中心，加强农机大数据共性关键技术的研发，形成拥有自主知识产权且符合国内外农机大数据发展需求的关键技术产品、产业标准和技术规范，为农机大数据健康快速发展提供科技支撑。

在农机大数据平台建设方面，农机主管部门统筹开展全国农机大数据建设研究，要求统一标准、明确内容、规范行为。在作业计量统计、作业质量监测、工况监测、远程监管、跨区调度、区域农机配置优化等核心环节，已经建成一批有效支撑业务开展的大数据应用系统。研究制订了农机大数据标准体系，开展指标口径、分类目录、交换接口、数据质量等关键共性标准的研究，推进农机大数据协作开发、高效利用。编制农机大数据资源开放目录清单，在风险可控前提下最大限度地促进数据共享开放，发挥农机大数据的公益性和增值性。

农机主管部门将继续完善全国农机作业信息动态监测与服务平台运行机制，加强相关管理、操作人员培训，提升应用技能。组织社会力量开发推广农机合作社智慧管理 App，推动在农机社会化服务过程中实现全程作业情况自动采集、油料种肥药用量统计、作业质量监测、人机调度等数字化管理，显著提高机械及农业投入产品利用效率效益，加快积累形成农机化（农业）生产大数据。逐步建设完善互联互通的智慧农机管理大数据平台，支持专业化社会力量加强农机数据分析加工和开发应用，推动农业提质增效和高质量发展。

国家级农机大数据平台建成几年来，发挥了不可替代的优势。以 2023 年夏收为例，2000 万亿条农机大数据“唱出”农业丰收曲。装上了北斗定位系统的国产农机在田野上画出了一张张收获热力图，特别是 1.2 万台玉米收割机画出的作业热力图更是非常壮观。从 2023 年 9 月 22 日起，玉米进入丰收的高峰期，大面积的红色热力区域覆盖了黑龙江、吉林、内蒙古、河北、河南、山东、安徽等地，这些地方都是我国玉米的主要产区。

如果说秋收是千万台农机大规模作战，那夏收则是农机跨区迁徙，与时间赛跑。在我国第二大小麦主产区山东，就有 50 万台（套）农业机械、28 万名农机技术人员和农机手活跃在 6000 多万亩农田中。2023 年 6 月底，活跃农机的数量逐渐减少，夏粮主产区的麦收基本结束。分析 5 万多台农机产生的轨迹数据，我们找到了一位夏收冠军——一台来自河南省驻马店市正阳县的农机，“三夏”季节里，工作时长达到 1500 个小时，作业面积超过 1.9 万亩，相当于 2000 个青壮年连续劳作 10 天的工作量。

通过系统合作社、农场可以在对农机作业进行实时监管的同时进行绩效考核管理、农机调度管理和设备、人员信息管理，农机手可以通过系统实现自动生成作业面积、实时测亩、实时定位和轨迹查询；可以实现内部办公与业务自动化，建立农机监理、农机管理、农机推广和农机化服务等农机业务管理信息系统，使农机业务管理和社会服务完成有效融合。

“智慧农机”系统在具有智能指挥调度的同时，极大地提升了农机作业智能化水平，使得传统方式难以统计的粮食产量和农机作业亩数的信息采集变得极为方便。

（二）农机自动驾驶系统

2016年12月，当时的工业和信息化部、农业部、国家发展改革委联合发布了《农机装备发展行动方案（2016—2025）》，重点倾斜支持12类主机产品和10类关键零部件，其中包含“农业机械导航与智能化控制作业装置”。各级农机化主管部门积极将智慧农机产品及农用北斗终端纳入农机购置补贴政策支持范围。“十三五”期间，在农业信息技术、现代农业装备学科群增补了22个农业农村部重点实验室，加强了农作物系统分析与决策、农业物联网装备等方向的研究力量，累计投入中央财政资金1.05亿元开展条件能力建设，有效提升了农业信息化与智慧农机领域的科研基础设施条件和协同创新能力。

农机自动驾驶系统是集卫星接收、定位、控制于一体的综合性系统，主要由基准站、GNSS天线、北斗/GNSS M300接收机、显示器、控制器、液压阀、角度传感器等部分组成。

作业农机（拖拉机）根据位置传感器（GNSS卫星导航系统等）设计好的行走路线，控制器根据卫星定位的坐标及车轮的转动情况，实时向液压控制阀发送指令，通过控制液压系统油量的流量和流向，控制农机（拖拉机）的行驶，确保车辆按照导航显示器设定的路线行驶。安装自动驾驶导航系统已是发达国家农机智能化必需的智能设备。在美国，凯斯、约翰迪尔等企业生产制造的100马力以上大马力拖拉机，在出厂之前就已经配置农机自动导航系统，供用户选择。我国多个省份已出台针对农机自动导航驾驶系统的专门补贴，新型应用已在研究探索之中。借助政策支持，我国自动驾驶农机已初步形成比较完善的产业链体系，北斗导航设备、激光雷达、计算平台等上游企业与中游自动驾驶系统商紧密合作，为下游农机主机厂商配套自动驾驶系统，已在部分地区批量应用。

从2018年开始，农业农村部、财政部将农业终端北斗系统纳入全国农机购置财政资金补贴目录范围，一方面，标志着我国在农用拖拉机驾驶操作和农机具作业方面已进入了引导推广使用农机自动驾驶导航操作和农机作业面积、质量智能信息化监测的新阶段；另一方面，这也预示着拖拉机驾驶自动导航系统将成为拖拉机尤其是大马力拖拉机作业中必备的辅助智能工具。自此，我国自动驾驶农机呈高速增长态势，对智慧农业产生强有力的推动。

据媒体报道，2020年1—6月，我国累计销售各类自动驾驶农机装备和系统1.17万余台（套），同比增长213%。这一态势延续至今。2021年，我国农机自动导航驾驶系统补贴销售2.12万台。各省、自治区、直辖市农机购置补贴公示数据显示，有农用北斗终端及辅助驾驶系统（含渔船用）销量的有16个，北大荒销量最大，达到5200台，全国占比达到45.61%；新疆生产建设兵团销量3300台，名列各省、自治区、直辖市销量第二；新疆的销量也超过1400台，名列第三。另据农业农村部统计，截至2021年底，以北斗、5G等信息技术为支撑的智能农机装备进军生产一线，加装北斗卫星导航的拖拉机、联合收割机超过60万台，植保无人机保有量97931架，同比增长39.22%。其他省、自治区、直辖市的销量呈加速增长势头，其中山东、浙江、江苏和内蒙古等4个省、自治区的销量均超过180台。实践证明，安装了农机自动驾驶导航操作装备的农机，可以降低农药化肥使用30%以上，提升作业效率50%以上，在农作物耕种收生产中发挥了积极作用。

2022年，装备北斗终端的国产农机在全年粮食生产中发挥了重要作用。在夏收时节和秋粮收获阶段，分别有5万多台和1.2万台基于北斗的收割机跨区作业，区域覆盖了黑龙江、吉林、内蒙古、河北、河南、山东、安徽等小麦、水稻和玉米主产区，形成的2000万亿条北斗农机大数据有力支撑了跨区作业顺利实施，显著提升了农业生产效率。截至2022年底，河北、吉林、黑龙江、新疆等地在农业领域累计推广应用北斗终端约30万台（套）。其中，在新疆使用北斗自动驾驶拖拉机播种棉花，每天可作业600亩以上，提升土地使用效率10%，全疆棉花机采率已达80%。

据不完全统计，全国已有13个省份启动了26个无人农场的建设，节本增效显著，亩产平均提高30%，劳动成本降低60%，农机作业效率提高50%，能耗节约50%，有效提高了农业生产的效率及信息化、现代化、智慧化水平。

据不完全统计，截至2022年底，我国在农业领域已累计推广应用各类北斗终端接近160万台（套），全年作业面积达6000万亩以上。其中，应用农机自动驾驶系统超过17万台（套），应用远程维护及定位终端超过133万台（套），应用渔船用船载终端设备超过9万台（套）。

目前，基于北斗系统的农机自动驾驶系统月销售量超过10万台（套）。由国家农机装备创新中心牵头发起，清华大学等联合打造的中国首台5G+氢燃料电动拖拉机于2021年在河南省洛阳市正式发布。此设备的研制成功，表明我国新型智能化农机装备设计及制造方面又迈出了一大步。

国内一些农机制造企业立足用户需求，也积极研发制造功能全、质量优的农机装备。例如，中国一拖已全面完成拖拉机无人驾驶系统的研发并已搭载其多款拖拉机产品，受到市场好评；中国一拖全系列拖拉机、收获机械产品均完成了自动驾驶、工况检测功能的验证并开始在新疆、湖北、黑龙江等地全面铺开推广。

借助物联网、大数据、云计算、自动驾驶等前沿技术，可以促进拖拉机、播种机等农机装备实现高精度作业、高效系统规划调度。多种系统、平台、软件等的应用，也正为提升农业生产管理水平、促进农业从传统作业向精准作业转变、农业企业从粗放管理向精细化管理升级提供有力的技术支撑。

（三）设施农业智能装备技术

2016年8月，当时的农业部印发的《“十三五”全国农业农村信息化发展规划》提出，设施农业领域要大力推广温室环境监测、智能控制技术和装备，重点加快水肥一体化智能灌溉系统的普及应用。加强分品种温室作物生长知识模型、阈值数据和知识库系统的开发与应用，不断优化作物的最佳生产控制方案。加强果蔬产品分级分选智能装备、花果菜采收机器人、嫁接机器人的研发示范，应用推广智能化的植物工厂种植模式。同时，畜禽养殖业信息技术集成应用需加强。以猪、牛、鸡等主要畜禽品种的规模化养殖场站为重点，加强养殖环境监控、畜禽体征监测、精准饲喂、废弃物自动处理、智能养殖机器人、网络联合选育系统、智能挤奶捡蛋装置、粪便和病死畜禽无害化处理设施等信息技术和装备的应用。

目前，农业装备智能化工程已经把主要精力放在研发和推广适合我国国情的传感器、采集器、控制器上，推动传统设施装备的智能化改造，提高大田种植、品种区域试验与种子生产，以及设施农业、畜禽、水产养殖设施和装备的智能化水平。深耕深松、播种、施肥施药等作业机具配备传感器、采集器、控制器，联合收割机配备工况传感器、流量传感器和定位系统，大型拖拉机等牵引机具配备自动驾驶系统。水肥一体机、湿帘、风机、卷帘机、遮阳网、加热装置等配备自动化控制装备。设施化畜禽养殖的通风、除湿、饲喂、捡蛋、挤奶等装备配备识别、计量、统计、分析及智能控制装备。水产养殖增氧机、爆气装置、液氧发生器、投饵机、循环水处理装备、水泵、网箱设备等配备自动化控制装置，已成为大趋势。

随着农村劳动力向城市转移，以及我国工资水平的不断提高，设施农业生产到了进行生产模式转换的转折点，“机器换人”已迫在眉睫。当前，我国的设施农业对生产管理提出了高品质、高效益、精细化、智能化的客观要求，所以，推进设施农业智能化生产势在必行。借鉴国际先进技术，根据我国国情，塑料大棚和日光温室开始构建轻简化生产装备体系，以实现温室环境监测肥水灌溉智能化管理系统；播种环节基本实现机械化作业，部分实现自动嫁接作业，温室内部生产物料实现半自动输送、搬运。提高关键作业环节的生产率，降低劳动强度，显著提高人均生产管理面积与单位面积产出率，降低成本，最终提高经济效益。连栋温室的智能化协调运行，已经构建温室内部环境控制与肥水灌溉根据不同作物的栽培系统，实现了自动控制与灌溉管理，人工仅完成智能化生产系统的管理、设备维修及个别机械难以完成环节的作业，基本上达到温室内部生产全程机械化作业水平。部分高水平企业基于物联网技术，实现环境水肥控制系统、作业装备控制系统及生产资源管理系统集成运作生产，达到订单生产、病害预警、栽培速度调控的智能化、高效益生产模式，缩小与国际先进水平的差距或达到国际先进水平，大大提高了我国设施园艺生产在国际上的竞争力。

农业农村部农业机械化总站公布2021年设施种植机械化典型案例名单，位于江宁区谷里现代农业示范区内的南京牛首农副产品专业合作社荣获“社会化服务典型案例”称号，也标志着谷里现代农业示范区设施农业机械化水平得到提升。作为典型丘陵地带，谷里街道不适合水稻等传统农作物生长。2007年起，街道大力发展设施农业、现代农业，转向蔬菜、果蔬等农业种植。2017年，街道积极推进设施农业“机器换人”工程和市级蔬菜生产农机装备示范推广基地建设，推动谷里迅速崛起为南京重要的“菜篮子”基地。目前，园区共有设施农业1万亩，蔬菜年产量4.6万吨。2022年，谷里蔬菜、园艺作物总产值已达7.9亿元。谷里街道相关负责人表示，乘着政策的东风，他们通过加快农业机械化转型，不仅提高了蔬菜生产的质量标准，让广大农户直接受益，更缓解了劳动力资源紧缺的难题。下一步，谷里现代农业示范区还将持续推进蔬菜种植机械化提档升级，加快蔬菜生产“机器换人”的步伐，推动全区蔬菜产业向更高质量发展。

（四）我国无人农场的实践

无人农场是采用物联网、大数据、人工智能、5G、机器人等新一代信息技术，通过对农场设施、装备、机械等远程控制，或者通过智能装备及机器人自主决策、自主作业，完成所有农场生产、管理任务，是一种全天候、全过程、全空间的无人化生产作业模式，无人农场的本质是实现“机器换人”。建设无人农场是缓解农村劳动力短缺、推进现代农业建设的一个重要途径。

“十四五”是实现农业农村现代化的关键时期，为发展无人农场提供了巨大的发展空间。在全力推进农业农村的现代化进程中，结合无人农场的实际应用推广，瞄准农业农村现代化的主攻方向，提高劳动生产率、资源利用率和单位土地产出率，以实现农业劳动力的彻底解放。无人农场代表着最先进的农业生产力，是未来农业的发展方向，必将引领数字农业、精准农业、智慧农业等现代农业方式的发展。

随着数字农业试点建设项目的开展，我国农业逐渐形成耕、种、管、收全程数字化生产管理模式，应用农机自动驾驶装备和无人化农机取得了显著效果，比如我国无人化农机创新产品方面，“东方红”“欧豹”无人驾驶拖拉机、“谷神”无人驾驶联合收割机已进入示范普及阶段，已有了收割机与运粮车的自主导航无人驾驶案例；“丰疆”高速无人驾驶插秧机实现了水田原地掉头对行、秧盘自动提升等功能，已在多地投入水稻插秧生产实践。

从各地反馈的情况看，我国无人农场有 5 种模式。

①无人大田。无人大田是最早的无人农场类型。目前，我国农机自动导航驾驶系统已经在大田种植中开始规模化推广应用，随着应用技术的成熟、决策模型精度的提高，“十四五”期间，我国大田种植在装备质量、机具种类、智能化水平上发展升级趋势将会加快。

②无人果园。无人果园通过引进并创新了网室保护性栽培、欧洲脱毒苗木、矮砧宽行密植栽培、全程机械化管理、农业物联网等先进技术，实现了果园标准化生产技术的集成应用与示范推广。未来，无人果园需进一步进行技术集成与创新，研发地面传感器、高分辨率航天、航空影像多维度感知系统，实现采集数据的实时回传，达到及时、全面了解果园生产状况；开展果业生产、储运、销售数字化研究，制订各环节数字化标准，实现果业产业全链条数字化呈现；通过云服务、边缘计算设备、智能作业前端装备实现“云、边、端”一体化的农业智能作业新模式。

③无人温室。无人温室是集数字化、智能化于一体的无人温室大棚种植。目前，我国以无土栽培、立体种植、自动化管理为特征的植物工厂研发和产品水平较为先进，已具备自主知识产权的成套技术设备，但我国设施农业机械化率仅有 30% 左右。因而，“十四五”期间，我国无人温室需进一步提升设施栽培生产技术的自动化、智能化、机械化水平，从环境调控自动化、生产过程无人化、分级包装智能化等重点方面入手，发展具有自主知识产权的设施农业机器人。

④无人牧场。无人牧场是指畜禽的育种、繁育、饲养和疾病防疫等环节及产后运输、处理等全过程的无人化精细养殖模式。牧场无人化精细养殖，降低了畜禽死亡率，提升了畜禽质量，实现了畜禽养殖场的“机器代人”目的。无人牧场是未来牧场发展的大趋势。未来，将推进畜禽圈舍的通风温控、空气过滤、环境感知等设备智能化改造，集成应用电子识别、精准上料及畜禽粪污处理等数字化设备，精准监测畜禽养殖投入品和产出品数量，实现畜

禽养殖环境智能监控和精准饲喂。

⑤无人渔场。无人渔场是运用现代信息技术，深入开发和利用渔业信息资源，全面提高渔业综合生产力和经营管理效率的过程，是推进渔业供给侧结构性改革、加速渔业转型升级的重要手段和有效途径。其未来发展重点将通过构建基于物联网的水产养殖生产和管理系统，推进水体环境实时监控、饵料精准投喂、病害监测预警、循环水装备控制、网箱自动升降控制、无人机巡航等数字技术装备的普及应用。

二、国内农业智能装备技术展望

（一）国内农业智能装备最新进展

据《中国制造 2025》重点领域技术创新绿皮书介绍，我国农业装备重点发展的关键零部件包括农用柴油机、转向驱动桥及电液悬挂系统、农业机械专用传感器、农业机械导航与智能化控制作业装置，而关键共性技术则包括农业机械数字化设计实验验证技术、农业机械可靠性技术、农业机械关键零部件标准验证技术、农业机械传感与控制技术，通过智能化农机生产线应用示范工程、智能化农场应用示范工程和支持建立国家农业装备产业创新中心、支持实施农业装备制造发展行动两项国家财政投入行动，使我国智能化农机未来将在以下领域寻求突破。

一是新型高效拖拉机。200 马力及以上、8 速及以上动力换挡拖拉机，主变速电控、主离合器电液控制的 CVT 无级变速拖拉机，以及发动机、传动系统、控制系统等关键零部件国内自主配套。

二是变量施肥播种机械。稻麦、玉米、大豆等变量施肥播种机，配套动力 100 马力及以上气力式排种机，实现免耕、变量分层施肥一体化作业，具备导航作业、漏播及堵塞监控等功能。

三是精量植保机械。大型高地隙、轻型水田自走式喷杆喷雾机，离地间隙 800 毫米及以上，静液压驱动、地隙轮距可调，具备自动防滑、变量作业功能。

四是高效能收获机械。喂入量 10 千克 / 秒及以上大型谷物联合收获机、喂入量 8 千克 / 秒及以上高通过性水稻联合收获机，以及新型玉米籽粒收获机、采棉机、甘蔗收获机、油菜收获机、饲草料收获机。静液压驱动，具有导航定位、故障诊断、主要参数实时采集与自动监控功能。

五是种子繁育与精细选别机械。玉米、小麦、水稻、蔬菜等小区精细种床整备、父母本精量交错播种、去雄授粉、洁净收获机械；种子数控干燥、精细分选、智能丸化、活性和健康检测、计数包装与溯源等设备。

六是节能保质的运、贮机械。大型粮食节能干燥机械，具备精准在线水分监测、精准自动温湿度控制功能。粮食、果蔬等农产品物理环境、微生物滋生时间历程标识等智能运、贮设备。

七是畜禽养殖机械。环境精准调控、畜禽个体行为与生长健康状况智能识别、个体精量饲喂、畜禽产品采集等智能化设备。

八是农产品加工机械。小麦、稻米等谷物及油料智能化、自动化加工成套设备。果蔬高效低损清洁、多规格切制、分等分级、自动化功能包装等设备。牛羊屠宰及畜禽和水产品自动化分割、剥制等设备。禽蛋高通量检测及分级包装设备。乳品品质无损检测、高速无菌灌装等设备。农产品加工副产物绿色多元化利用设备。

2018 年 12 月，国务院印发的《关于加快推进农业机械化和农机装备产业转型升级的指导意见》要求，“促进物联网、大数据、移动互联网、智能控制、卫星定位等信息技术在农机装备和农机作业上的应用。编制高端农机装备技术路线图，引导智能高效农机装备加快发展。支持优势企业对接重点用户，形成研发生产与推广应用相互促进的机制，实现智能化、绿色化、服务化转型。建设大田作物精准耕作、智慧养殖、园艺作物智能化生产等数字农业示范基地，推进智能农机与智慧农业、云农场建设等融合发展。推进‘互联网＋农机作业’，加快推广应用农机作业监测、维修诊断、远程调度等信息化服务平台，实现数据信息互联共享，提高农机作业质量与效率”。

在多项政策指引下，“智能农机装备”国家重点研发专项积极推进，1600 多个产品通过农机试验鉴定，可实现分段与联合收获转换的油菜机械化收获成套装备大面积示范推广，水稻有序抛秧机、插秧同步侧深施肥机在双季稻区实现规模化应用。

农机企业采取多种联合、合作、重组方式，提高科技创新能力，逐步形成大型、成套、高端农机产能，打破外资垄断，提高竞争力。东方红 LX904 型自动驾驶拖拉机交付内蒙古通辽市科尔沁汇双利农机合作社，这是我国自动驾驶拖拉机大规模应用典型之一。这些预装北斗农机自动驾驶系统的东方红 LX904 型拖拉机，能够实现精确到 2.5 厘米的精准作业。中联重科的人工智能小麦收割机、水稻收割机与植保机等智能农机通过传感器识别农作物状况并自动设置参数和优化操作，降低收割机与植保机操作难度，帮助农民提高作物质量和产量。德邦大为公司的电驱云技术高性能免耕精量播种机是国内首台集成 FOC（矢量控制）电驱精量免耕播种施肥、作业信息感知传感、播种智能监测及末端控制于一体的电驱智能精量播种机。该技术的应用将大幅提高免耕精量播种机的信息采集、智能决策和精准作业能力，引领我国精量播种装备向高效、精准、智能方向发展。近些年来，我国在不同农业生态下开展了 17 个无人农场试验示范，取得了大量的基础性成果，其基础就是智能农机的应用。此外，一些企业走出国门，成长为大型农机世界级制造商，为中国农机赢得“好声音”。通过近几年努力奋斗，一批重大装备技术取得突破，形成产能。我国在科学技术方面也取得了突飞猛进的发展，为实现农机生产自动化、智能化打下了基础。前已述及，多种智能化农业装备投入应用，渐成我国农机化的靓丽风景。

（二）农机管理智能化的实践与建议

近年来，我国农机运用与管理智能化明显加速。2018 年印发的《中共中央、国务院关于实施乡村振兴战略的意见》吹响了我国农机运用与管理智能化的号角。

我国在物联网、大数据、智能控制、卫星导航定位等技术应用于农机装备和农机作业方面进行了有益探索，在大田精准作业、设施农业智慧管理、畜禽智慧养殖等方面涌现出很多成功案例。例如，新疆生产建设兵团应用北斗卫星导航定位自动驾驶进行棉花播种，能一次完成铺膜、铺管、播种作业，1000 米播行垂直误差不超过 3 厘米，播幅连接行误差不超过 3 厘米，有效解决了农机播种作业中出现的“播不直、接不上茬”的老大难问题，土地利用率提高 0.5% ~ 1%；利用卫星导航技术实现了夜间高质量作业，不重不漏，机车组利用率提高 30%，节约农机投资；应用播种时的卫星空间定位信息，大大提高了中耕施肥施药作业质量，高速作业不伤苗、不压苗，棉花机械化收获采净率提高 2% ~ 3%。根据新疆生产建设兵团实际应用统计，应用北斗卫星导航定位自动驾驶技术，亩节约人工成本 60%，亩增收节支 193 元。

近几年的夏秋期间，“农机帮”“农机直通车”等一批利用大数据、云计算等信息技术为农机行业提供农机作业、农机维修等信息服务的互联网移动平台，让机手找活干、农民找机械不再犯难，成为农机化生产的一大亮点。农机 360 网在北京召开 O2O 电商战略落地发布会，联合太平洋保险、信农贷，推出“农机实体店＋电商平台＋金融服务＋农机保险”的农机营销新模式。“互联网 + 农机”使传统的农机行业不断迸发新的生机和活力。

农机管理部门顺应“互联网 +”大势，积极推进农机化与信息化、农机管理与互联网融合，取得显著成效。农业农村部农机化司组织开发并推广应用了农机跨区作业服务直通车、农机化生产信息网上直报系统、农机统计直报系统、农机产品网上展示系统、国家支持推广目录申报系统等 13 个应用系统，提高了农机管理现代化水平。

黑龙江在全国率先建成省级农机管理调度指挥网络系统。该系统能够实现农机自动定位、作业轨迹查询、图像信息采集、无线视频、耕作和深松面积统计、应急指挥和天气预报等功能。目前，入网车载智能终端达到 15000 多台，深松监测终端 4000 多台。2016 年 4 月，农业部农机试验鉴定总站发布《关于农业机械部级推广鉴定网上办事大厅试运行的通知》，标志着农机推广鉴定工作进入“线上”时代。

农业农村部大力推广应用农机深松智能装备监测系统，采取卫星定位、无线通信和智能监测传感技术，对农机深松作业过程、面积、质量进行实时监测，有效防范了农机深松作业补助工作风险，各级纪检、监察部门对此也给予了充分肯定。

智能化农机的大量普及应用必将是一场农业装备领域的颠覆性革命，对农机的运行管理带来挑战和创新的历史机遇。实践证明，“互联网 +”农机管理是农机管理机制的一大创新，是方便农民和农机企业、提高政务效能、有效预防腐败、惠及管理部门和管理对象各方的重要措施。农机化管理服务机构务必抓住机遇，以管理服务的转型升级来应对农机的智能化浪潮，要着力做好“提高、完善、拓展、互动”的文章。

一是提高思想认识，加大推进力度，提高“互联网 +”农机管理平台建设和应用水平。

二是要进一步完善，做到公开及时、准确、全面，不断释放“指尖上的正能量”，同时要处理好公开和保密的关系，对管理中形成的身份证号、家庭住址、电话等涉及个人隐私的信息要加强保密措施。

三是拓宽“互联网 +”农机管理的业务应用范围和覆盖范围，把农机管理的方方面面、各个地区都融入互联网，积极开发公众号等新媒体产品，形成“互联网 +”农机管理全方位、立体化应用的格局。

四是推进信息由单向流动向双向互动转变，由束之高阁向用足、用活转变，使“互联网 +”农机管理成为传达党和政府声音、回应社会关切、解决群众难题的有效渠道，让服务对象有更多获得感。以数字化农业和“互联网 +”为依托，建立高效的农机化管理服务网络，实现农机管理的智能化。建议建立一个“全国农机补贴产品信息归档申报系统”，方便农机企业，提高政务效能，减少重复性劳动；尽快建立“全国农机补贴辅助管理系统”，实现机补网上申办和审核，让信息多跑路，农民群众、农机企业就能少跑腿，政务效能也能大大提高，从而有效预防腐败，惠及管理部门和管理对象。

把农机管理工作“搬”上网络和“云端”，对机具状态、实时调度、维修保养等信息实现智能化管控；利用智能化农机作业过程中采集的动态数据，进行运算和处理，及时掌握作业面积、耗油率、产量的统计分析等信息，使人机界面对话功能发挥应有的作用；开发农机智能化管理系统，通过农机装备上的 GPS 或北斗定位系统、通信终端，即时掌握农机作业信息、位置信息、运转及维保情况、突发问题的应急处理等；结合数字化设备的互联互通功能，为农机经营者提供点对点、精细化和专家式的高质量服务，全面提升农机管理服务的质量和效率，促进农机化的转型升级。

第三章

北京市农机大数据平台技术应用实践

第一节

农机大数据平台技术简介和发展现状

一、技术简介

随着“互联网+农机”的发展，云计算、大数据、物联网、传感器等现代化技术与农机化工作实现了深度融合，为农业机械化管理和农机作业质量核查提供了新手段。近10年来，农机大数据平台及相关监测终端技术从概念提出走向试验、应用，逐渐成熟完善，推动传统农业向智慧农业快速发展。农机大数据平台的建立实现海量数据的采集和存储，为数据挖掘和处理算法实现提供基础，通过可视化界面为农业管理者和生产者提供决策意见和指导建议。在农机作业质量监测技术应用方面，也从单一的深松监测向秸秆还田监测、播种监测、油耗监测、图像采集等综合性监测发展并与农机大数据平台融合应用，功能拓展到面积统计、图像处理、农机轨迹和作业质量分析等方面。

二、发展现状

近几年，在政府相关政策的支持下，各省、自治区、直辖市开展了大量农机大数据平台的建设和试验、应用，提出了众多解决方案并逐步完善。

新疆建设了基于棉花生产的大数据平台，从农业资源、生产管理、农机调度等方面为用户提供棉花生产农业大数据综合管理、农机作业监控与运维、产品质量追溯及市场预警预测等服务。

河北省以“互联网+农机深松+第三方质检”为基础，建立农机作业质量监测核查体系，实现了农机深松作业实时监测、实地跟踪和随机抽查，为农机深松作业质量和补贴资金安全发放提供了保障。

黑龙江、山西、安徽等地也根据自身农业发展现状，建设了基于农机作业质量监测的大数据与云服务平台，为提升农机部门管理水平、农机作业质量和农机作业补贴资金发放效率提供了科学手段。

北京市针对农机深松、播种监测、油耗监测等需求，组织研发相应终端，调研掌握了农机大数据平台需求，深松作业监测误差小于2厘米，面积监测精确度达到97%，为农业生产作业主体、农机化管理主体提供了良好的管理手段。

第二节

北京市农机大数据平台应用

一、基本情况

为提升北京市农机化综合管理水平，实现农机作业质量科学监测和评价，支撑保护性耕作作业补贴科学发放，开发了北京市农机大数据平台。平台包括北京农机化综合展示、合作社管理、农机具管理、精准作业管理和补贴作业监管等五大模块。2020—2022年，配套北京市范围内安装的749套保护性耕作作业质量监测终端，围绕深松、秸秆还田和少免耕播种3个作业环节，北京市农机大数据平台收集了101家合作社和29个农机户的机具和作业信息，作业面积总计8.3万 hm^2，作业地块数量总计25685个，监测面积占各区上报计划总面积的71.51%，支撑北京市9个涉农区发放农机作业补贴6042.31万元。

北京市农机大数据平台，基于农机作业质量监测终端的推广应用，实现了农机作业主体信息、农机具信息和农机作业信息的大数据积累，解决了以往农机作业质量和面积核验中抽查范围小、工作量大、工作效率低及补贴资金发放存在风险的问题，为农机管理部门和农业生产主体提供了信息化、科学化手段，提升了北京市农机化水平。

二、平台设计

根据北京市农机化管理需求和作业现状，设计了北京市农机大数据平台，包括北京农机化综合展示、合作社管理、农机具管理、精准作业管理和补贴作业监管等五大模块。图 3-1 所示为北京市农机大数据平台架构。

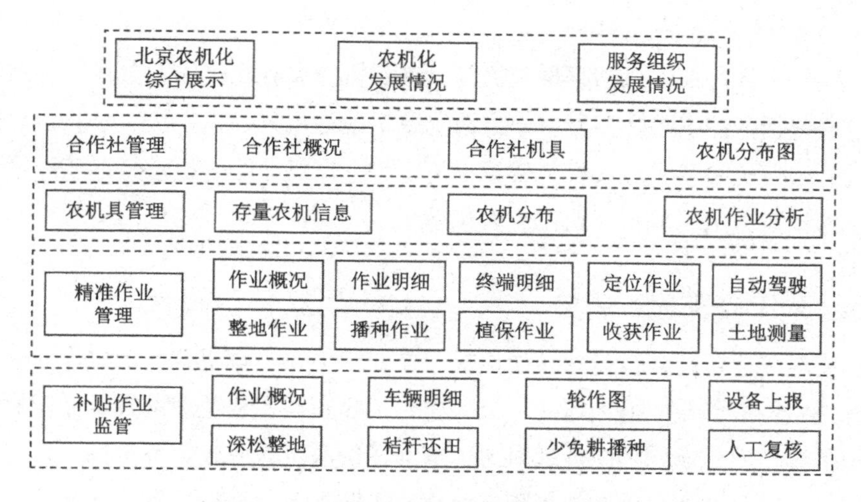

图 3-1　北京市农机大数据平台架构

（一）北京农机化综合展示

北京农机化综合展示模块包括农机化发展情况和服务组织发展情况。农机化发展情况包括北京市与全国机械化水平对比、北京市各产业机械化水平、北京市各区农机装备保有量、北京市各类农机变化趋势。该模块对主要农作物耕种收机械化水平、亩均动力情况、秸秆综合利用率等指标进行了鲜明对比，主要粮食作物、设施农业、畜牧、水产、林果、农产品初加工等产业的机械化水平展示效果良好。

（二）合作社管理

合作社管理模块包括合作社概况、合作社机具和农机分布图。该模块对北京市各区合作社数量进行了统计对比并展示了国家级、市级及普通合作社的数量和发展趋势，通过合作社地图功能可以对北京市合作社的位置进行查询，北京市合作社位置分布呈现效果较好。通过农机分布图可以查看北京市农机分布和运行状态。该模块按照拖拉机、收获机、植保机、播种机等作业种类对各区合作社机具进行了分类统计和展示。

（三）农机具管理

农机具管理模块包括存量农机信息、农机分布和农机作业分析。存量农机信息包括拖拉机品牌型号、销售情况及耕整地机具、拖拉机、收获机、播种机、植保机等各类型农机具数量存量走势，农机作业分析包括各年度播种作业面积热力图、单车平均作业面积等。

（四）精准作业管理

精准作业管理模块包括作业概况、作业明细、终端明细、定位作业、自动驾驶、整地作业、播种作业、植保作业、收获作业和土地测量。作业概况展示了各类型作业面积统计和对比、当前月份农机作业走势等信息。作业明细里可以查询每一次作业的机具、面积、作业质量、地块位置等详细信息。该模块涵盖了大田作业各个环节，可以完整展现作业信息。

（五）补贴作业监管

补贴作业监管模块目前是北京市应用最广泛、技术最成熟、积累作业数据最多的功能模块，较好地支撑了北京市保护性耕作作业补贴的发放工作。补贴作业监管模块包括作业概况、车辆明细、轮作图、设备上报、深松整地、秸秆还田、少免耕播种和人工复核。补贴作业监管中包括深松整地、秸秆还田和少免耕播种 3 个作业环节。作业概况包括各区作业面积统计、各类型作业面积及占比、农机作业面积走势等信息。车辆明细包括上报单位、车辆属地、农机主体和人员及联系电话、设备号、车牌号、车辆型号、农具信息、作业状态、监测状态等信息，可以按照参数查询和导出。在深松整地、秸秆还田和少免耕播种 3 个作业环节，可以分别按照年度进行查询，可查询的信息包括作业主体、监测终端编号、车辆型号、车牌号、作业面积、重复面积、合格面积、不合格面积、判定结果、日期、作业地点、年度、审核状态、作业质量分析等信息。该模块也可以查询作业详情、作业地图、轨迹回放、作业主体及农机信息、作业地块面积及合格率信息。此外，该模块还可以按照北京市、各区、各合作社等不同范围，查询、导出作业面积、合格面积、补贴面积和作业农机数量等详细信息。

三、应用情况

（一）各区农机作业主体安装应用终端情况

根据北京市农机大数据平台统计数据，2020—2022 年，北京市顺义、大兴、怀柔等 9 个区安装农机作业质量监测终端共计 749 套（见表 3–1），其中 101 家合作社安装 688 套终端，合作社包括农机合作社、专业合作社、产销合作社、经济合作社等作业主体，每家合作社平均安装终端 6.8 套。另外，有 29 个农机户个人安装终端 61 套，每户平均安装 2.1 套，实际中以安装 1 套终端为主，个体农户普遍种植规模较小。

表 3–1　北京市各区安装农机作业质量监测终端及安装主体数量情况

区域	终端安装数量 / 套	合作社数量 / 个	合作社安装终端数量 / 套	农机户数量 / 个	农机户安装数量 / 套
顺义	202	9	160	21	42
大兴	115	12	115	0	0
怀柔	112	15	112	0	0
房山	111	13	100	1	11
平谷	78	11	78	0	0
密云	57	23	49	7	8
通州	34	5	34	0	0
延庆	32	10	32	0	0
昌平	8	3	8	0	0
总计	749	101	688	29	61

（二）北京市保护性耕作作业监测情况

①作业补贴面积申报情况。2020—2022 年，根据北京市保护性耕作作业补贴政策，深松作业补贴每亩 50 元，秸秆还田作业补贴每亩 35 元，少免耕播种补贴每亩 35 元。2023 年年初，北京市农业农村局制订北京市各区

上述 3 项作业补贴面积及金额计划，补贴面积由各区农业部门统计上报。2020—2022 年，北京市 9 个农业区共上报上述 3 项作业面积计划共计 10.39 万 hm^2，各区作业面积对比如表 3–2 和图 3–2 所示，顺义区、怀柔区、房山区作业面积最多，昌平区和通州区作业面积较少。实际中，各区保护性耕作补贴面积与实际作业面积可能不一致，但差值不大，上报面积基本能代表各区作业规模大小，在部分区存在部分小地块未纳入补贴的情况。

表 3–2　北京市各区保护性耕作作业计划面积情况（2020—2022 年）

区域	2020 年度 / 万 hm^2	2021 年度 / 万 hm^2	2022 年度 / 万 hm^2	总计 / 万 hm^2
顺义	0.83	1.33	0.87	3.03
怀柔	0.70	0.46	0.59	1.75
房山	0.91	0.40	0.43	1.74
大兴	0.40	0.27	0.33	1.00
平谷	0.30	0.23	0.46	0.99
密云	0.33	0.27	0.20	0.80
延庆	0.29	0.20	0.13	0.62
通州	0.00	0.00	0.26	0.26
昌平	0.00	0.10	0.10	0.20
总计	3.76	3.26	3.37	10.39

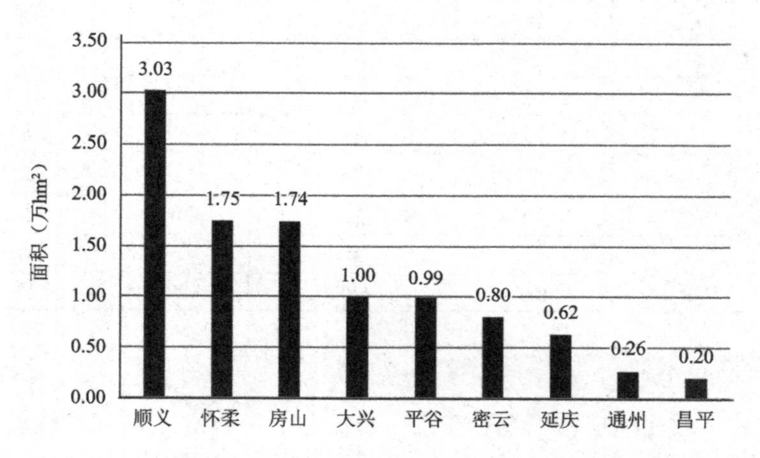

图 3–2　北京市各区保护性耕作作业补贴计划面积对比(2020—2022 年)

②作业质量监测面积情况。2020—2022年，北京市保护性耕作作业监测总面积总计8.3万hm^2（见表3-3）。其中，深松作业监测面积总计2.8万hm^2，秸秆还田监测面积总计3.4万hm^2，少免耕播种面积总计2.1万hm^2。具体情况如表3-3所示。

表3-3　北京市保护性耕作作业实际监测面积（2020—2022年）

年度	深松整地监测面积/万hm^2	秸秆还田监测面积/万hm^2	少免耕播种监测面积/万hm^2	年度总计/万hm^2
2020年	1.4	0.0	0.0	1.4
2021年	0.7	2.5	1.3	4.5
2022年	0.7	0.9	0.8	2.4
总计	2.8	3.4	2.1	8.3

2020—2022年，保护性耕作作业实际监测总面积占上报计划面积的79.92%。其中，由于存在2020年刚实施作业补贴政策，政策文件下发各区较晚，以及安装终端设备耽误时间等因素，存在2020年作业面积划到2021年作业面积的情况（即跨年度补贴情况），各区情况有差异，因此，2021年度监测面积大于2021年上报的计划面积。若不考虑各区跨年度因素及各区实际作业面积小于年初上报计划的情况，2022年终端监测面积覆盖率为71.51%，监测覆盖率处于较高水平。监测未覆盖的其他补贴面积，由各区通过人工填报及人工复核方式录入系统，实现统一补贴。2020—2022年，北京市农机大数据平台支撑北京市发放农机作业补贴总计6000余万元。

③作业地块数量情况。在北京市保护性耕作作业监测中，每个地块作业后形成一条作业信息，包括作业面积、作业质量、作业轨迹地图及机具、机手等完整信息，也是后期各区核查发放补贴的主要依据。2020—2022年，保护性耕作作业地块数量总计25685个（见表3-4），按照作业监测总面积8.3万hm^2计算，平均每个地块3.2hm^2。另外，通过人工填报审核地块数量为101个。

在对北京市农机管理部门和农业生产主体需求充分调研的基础上，设计建设了北京市农机大数据平台，为农机数据积累和农机化工作提供了科学手段；有助于市、区两级农机管理部门掌握各类型农机作业主体、各环节作业机具、作业能力等详细信息，为农忙时节掌握农机作业进度、开展农机调度、农机政策制定提供重要信息；实现了农机大数据平台和保护性耕作作业补贴发放的充分结合，通过深松整地、秸秆还田和少免耕播种科学监测统计，实现了农机作业质量的高效监管，降低了农机作业补贴发放风险，为农机合作社考核评价机手作业绩效提供了信息化手段。

表 3–4　北京市保护性耕作作业地块数量（2020—2022 年）

作业年度	深松作业 / 个	秸秆还田作业 / 个	少免耕播种作业 / 个	年度总计 / 个
2020 年	1844	0	0	1844
2021 年	1772	3206	4124	9102
2022 年	4086	6529	4124	14739
总计	7702	9735	8248	25685

第四章

北京市大田农业智能装备技术应用实践

第一节

农机作业质量监测技术

一、技术介绍

按照《全国农机深松整地作业实施规划（2016—2020年）》《北京市打赢蓝天保卫战2020年行动计划》等相关文件的要求，通过农机作业质量监测技术项目在2018—2019年的实施，在2020年带动制定了《北京市季节性裸露农田扬尘抑制关键保护性耕作技术推广应用作业补贴实施方案》，推动在北京市范围内开展农机深松整地、秸秆还田、少免耕播种作业监测技术集成推广应用相关工作，切实保障作业质量、保障生态农业发展和提升信息化管理水平。

该项目打造了集成保护性耕作农机作业的北京市农机大数据中心，使农机管理部门、农机作业主体、机手能实时掌握作业的农机具状态、作业轨迹、作业面积、作业质量，推进农机作业主体信息化管理的模式，实现了农机作业全过程中作业机具、作业地点、作业质量、图像等数据的采集。

该项目组织实施了基于“一机多具” 结构的农机作业质量监测技术集成、试验和改进工作并在京郊9个涉农区大力推广，推动了保护性耕作技术广泛应用，打破犁底层和板结层，增加了土壤蓄水保墒能力。该项目为北京市农机作业补贴发放提供了科学支撑，通过智能算法和实际管理要求，设置面积统计、合格率、轮作图、人工复核等功能。其中，农机深松整地作业质量监测精准率达到97%，杜绝了重复深松、虚假报数、作业深度不够等情况发生。补贴发放不再使用人工现场抽检复核，比例由5%提高到100%，2020—2021年，抽检复核面积计算达标准确率分别为99.30%和99.11%。2020—2022年，支撑北京市农机作业补贴发放总计6000余万元。

2020年1月—2022年12月，该项目累计推动北京市147家农机合作社或农户安装农机作业质量监测设备749台，在北京市推广应用规模总面积达

124.6 万亩，应用覆盖率达到 80% 以上，生态效益显著，农田扬尘可减少 32.81% ~ 40.42%。北京市季节性裸露农田扬尘抑制关键保护性耕作技术被评为“北京市 2022 年农业主推技术”之一。该项目委托北京农学会开展了科学技术成果评价，专家组认为该成果实现了保护性耕作作业技术的实时监测和管理，创新研发“一机多用”的方式，建设了北京市统一的农机作业调度系统，为北京市抑制扬尘保护性耕作技术推广政策的实施提供技术支撑，实现了全程信息化管理，处于国内领先水平。

二、发展现状

按照《全国农机深松整地作业实施规划（2016—2020 年）》要求，“十三五”期间，北京市积极开展农机深松整地技术推广，在全市农机深松整地作业补贴政策引导下，农机深松整地作业累计完成面积 44 万亩，农机深松整地作业在全市取得了较好的推广应用效果。但是，秸秆粉碎覆盖还田、少免耕播种两项关键技术尚无明确补贴政策，全环节保护性耕作技术推广应用水平近几年呈下降趋势，亟须政策引导，加快应用水平提升。

在政策支撑方面，国家层面的政策有《国务院关于加快农业机械化和农机装备产业转型升级的指导意见》，提出加快推广应用农机作业监测、维修诊断、远程调度等信息化服务平台，实现数据信息互联共享，《国务院关于印发全国农业现代化规划（2016—2020 年）的通知》提出推进信息化与农业深度融合；北京市的相关政策有《北京市“十三五”时期信息化发展规划》，提出深化应用新一代信息技术，实现农业生产、经营、管理和服务的精准化、智能化。

抑制季节性裸露农田扬尘工作被列为《北京市打赢蓝天保卫战 2020 年行动计划》，《北京市扬尘管控工作意见》明确应加大免耕、土壤深松、秸秆粉碎覆盖还田等保护性耕作技术推广应用，减轻风蚀，抑制扬尘。保护性耕作核心技术主要包括作物秸秆覆盖还田、少免耕播种和农机深松整地。

从 2020 年开始，北京市范围内全面加强农机深松整地、秸秆粉碎覆盖还田、少免耕播种“三项关键保护性耕作技术”集成推广应用。力争“十四五”

期间，北京市实现“三项关键保护性耕作技术”应用率达到80%以上，全面建成覆盖主要裸露农田区域的扬尘监测体系。

在行业发展需求方面，北京市主要农作物全程机械化水平已进入高级发展阶段，但要进一步实现农机作业节本增效、作业质量和农机管理能力的提升，农机信息技术、智能装备是重要途径。然而，农机信息化技术、智能装备起步晚、积累少，各技术应用独立，集成度低，应用系统数据整合困难，国外很多同类技术长期对我国进行封锁，必须依靠自主创新。

在农机作业质量监测技术应用前，存在以下3个问题。

一是北京市“三项关键保护性耕作技术”作业质量无法保证。随着北京市季节性裸露农田扬尘抑制关键保护性耕作技术的推广应用，全市农机深松整地、少免耕播种、秸秆还田作业面积不断扩大，补贴金额也在逐年增长，如何保证作业质量、精准的统计作业面积已经成为工作中的棘手问题。

二是作业补贴发放依靠人工抽查，费时费力，抽查面积比例太小。传统的深度质量检测、是否为少免耕播种、是否秸秆还田等工作主要依靠人工抽查，在此过程中常伴随着耗费时间长、测量数据点少和面积统计多报、漏报的现象，以及不能保证补贴安全的发放等问题。

三是作业补贴发放缺乏科学量化依据。作业质量与作业面积监测没有纳入农机管理部门全程信息化管理，存在安全隐患。

三、北京市保护性耕作作业质量监测技术推广应用

（一）技术设计及原理

保护性耕作主要包括秸秆覆盖还田、少免耕播种和农机深松整地等关键技术。保护性耕作作业监测技术有助于农机管理部门及合作社掌握农业生产进度、作业面积，并且方便机手对作业面积、作业质量及作业功耗进行实时把控，终端应安装在农机上，具备卫星定位、无线通信、作业深度监测、机具识别、图像采集、显示报警等功能。平台通过接收终端上传的详细作业信息来进行存储和管理农机作业数据、精准计量农机深松作业面积、对深松作业质量数据进行统计汇总分析，具有支持重叠作业和跨区域作业检测与分析、

提供数据导出和报表打印等功能。用户可通过电脑、手机查看平台数据。

北京市农业农村局农机处、北京市农业机械试验鉴定推广站通过农机调度平台，可以查看北京市各区“三项关键保护性耕作技术”实时作业情况，及时进行数据统计和督导。各区农机部门负责依托农机调度平台，统计各项作业面积，进行补贴审核和补贴发放，各农机合作社和农机大户通过手机等查看每天作业面积等，掌握每日作业质量和面积等详情。

（二）系统设计开发

北京市保护性耕作作业质量监测技术配套建设的软件平台，在本书第三章已经详细介绍，此处不再赘述。该平台用户群体为市级管理用户、区级管理用户、合作社用户。其中，市级管理用户能够通过平台掌握北京市保护性耕作作业监测数据情况及北京市的合作社基本情况，各区级管理用户能够通过平台掌握各区内保护性耕作作业监测数据情况及各区内合作社基本情况，两者功能上完全相同，但市级管理用户的权限等级高于区级管理用户。合作社用户可通过微信公众号或 PC 端获取实时作业数据及历史作业数据。

（三）技术设备架构

设备由数据采集终端和精准作业平台两部分组成。终端进行数据采集，平台进行数据计算、统计、显示。图 4–1 所示为车载监测终端及传感器配套。整体流程如图 4–2 所示。

（四）合作社用户功能设计

1. 手机端。手机端应用设计依托“北京农机”公众号。

登陆方式。微信搜索“北京农机”公众号，关注该公众号，点击“作业补贴”按钮进行登录，输入分配的合作社密码或单车的设备码进行登录可查看车辆实时状态及作业信息。

农机定位分布。合作社管理者能够查看农机实时定位点及状态，以及车辆信息。

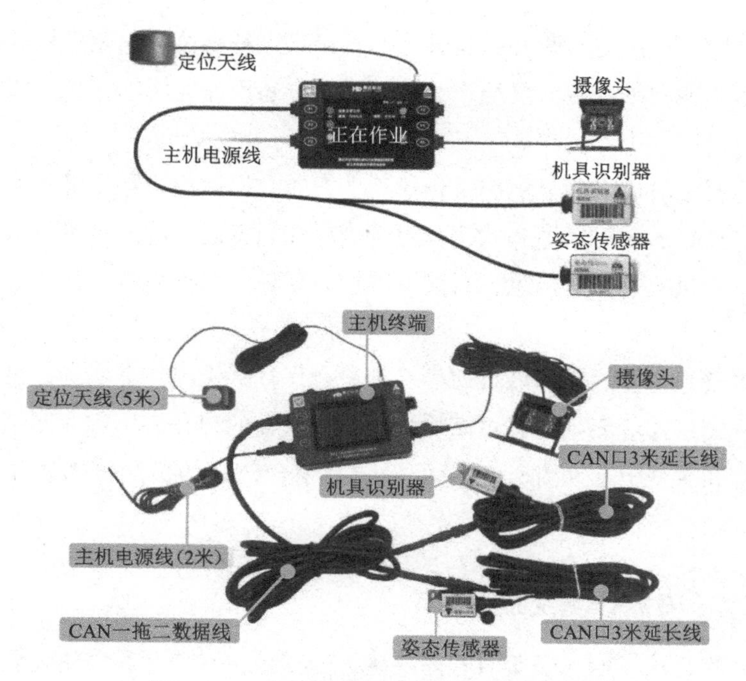

图 4-1　车载监测终端及传感器配套

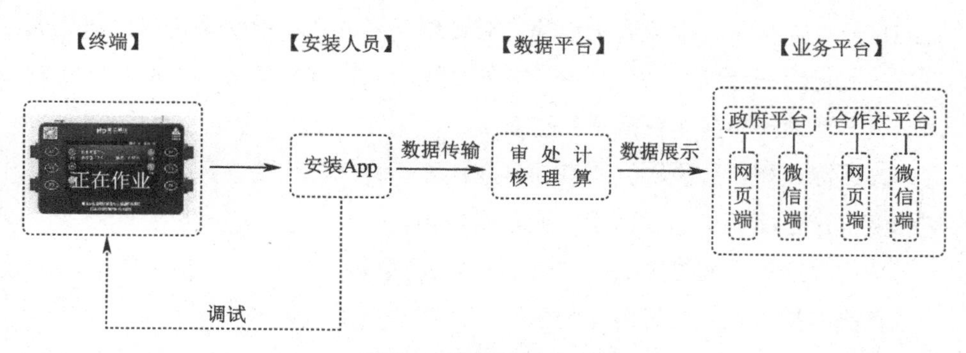

图 4-2　整体流程

每天作业统计。合作社能够查看单项作业类型作业量统计，以及每车每天的作业信息。

农机作业实时和历史查询。合作社能够查看农机实时作业亩数及轨迹，也可查看历史作业信息及进行轨迹回放。

2. 电脑端。点击右侧补贴监管界面，可进入补贴监管作业模块，该模块主要包括车辆明细、深松整地作业明细、秸秆还田作业明细、少免耕播种作业明细。

车辆明细。该页面显示登录合作社上报的农机信息，除了显示农机的基本信息，还显示农机属地和状态，对于当前和当日启动的农机可以点击实时监测查看农机实时作业信息；右侧可以按设备号、上报单位查询或导出农机信息。

深松整地作业明细。该页面显示登录合作社的深松作业明细信息。

秸秆还田作业明细。该页面显示登录合作社的秸秆还田作业明细信息。

少免耕播种作业明细。该页面显示登录合作社的少免耕播种作业明细信息。

（五）面积计算原理

1. 面积算法说明，基于时间序列统计数据分析和单元积分逼近算法。首先，通过 GIS 系统对农机定位点信息进行统计分析，建立数学模型区分田间作业点和行驶点。其次，利用时间序列分析方法并结合农具作业幅宽，将每日的作业点连线后，分成若干地块，对于划分好的作业地块采用单元积分逼近算法进行面积计算。最后，将计算的面积与以往时间该定位地块的面积对比，区分该地块不同车辆的重复作业。

2. 达标面积参数说明，所有的参数计算，均以地块的参数来计算，如平均深度、作业面积、达标面积、重叠面积等。

平均深度：采集深度点之和 ÷ 采集深度数量。

作业面积：农机每天耕作的面积（按照地块来计算）。

达标面积：默认算法为作业地块平均耕深超过标准耕深则全部算为合格。

深松深度标准为 30 厘米，超过 30 厘米的作业地块算合格，未超过 30 厘米的地块不合格。

（六）智能农机监测终端设备

1. 终端主机。主机为整个系统的核心部分，承载着农机定位、运算显示、数据存储、数据上传等功能。定位精度≤ 2 米，作业面积计量误差 <1.5%。

定位系统：支持全球定位系统（GPS）及北斗卫星导航系统（BDS）。

核心软件系统：①高集成的系统设计将外部传感器采集的信息整合并通过高性能 MCU 进行处理运算；②内置多功能软件版本，可根据不同的机具识别传感器的反馈自动选择运算及显示程序；③自动报警系统，当发现有异常状态，报警系统将通过显示屏显示报警信息。

通信系统：通过无线网络通信技术将采集的信息上传到云平台；接受云平台下发指令远程升级软件版本；支持 4G 通信模块的拓展。

数据存储：EMMC 8G 存储，读写数独达到 512Mb/s，保障数据读写安全及保证作业数据上传高效；农机作业数据终端存储可达 8 年，平台数据永久保存。

显示：4.3 英寸的 LCD 彩色显示屏，可显示设备及外设的相关状态，可查看系统状态、影像信息及实时面积信息等。

断点续传技术：当作业地区无网络信号时，无信号作业数据会存储到主机的存储中；当有无线网络连接时，历史作业数据自动上传，作业数据不会丢失，保障作业数据安全。图 4–3 所示为车载终端，表 4–1 所示为车载终端设计参数。

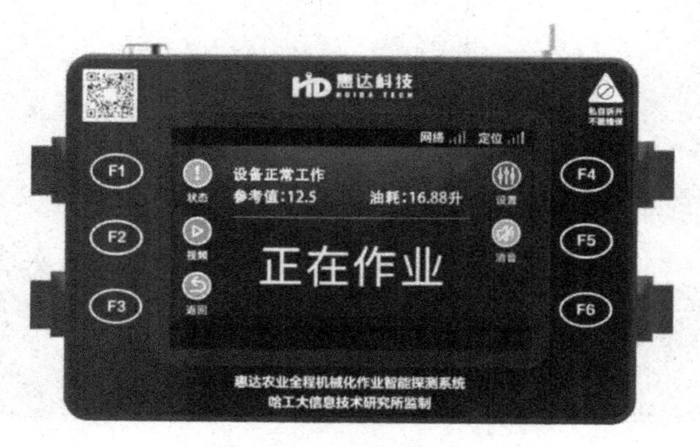

图 4–3　车载终端

表 4-1　车载终端设计参数

外壳尺寸	175 毫米 ×115 毫米 ×40 毫米	输入电压	DC 9~36V
工作温度	-40℃ ~ 80℃	工作湿度	0%~90%，无结露
防护等级	IP67	通信模块	移动、联通、电信 4G
显示屏	4.3 英寸 LCD 彩屏	按键	4 功能键，1 电源开关
系统	Linux	CPU 主频	528MHz
运行内存	256M DDR3	存储	EMMC 8G
通信方式	CAN 总线 /232/485/USB	读写速度	512Mb/s
卫星定位支持	GPS/BDS	水平位置精度	＜ 2.5 米
Wi-Fi	11b/g/n	蜂鸣器	80dB
电容续航	3.3F	EMC	静电放电 3 级
数据采样间隔	1 秒 / 次	卫星接收通道	64
接收灵敏度	捕获 -145dBm，跟踪 -160dBm	测速精度	0.1m/s
数据输出更新率	1Hz		

2. 机具识别传感器（有线方式见图 4-4，蓝牙方式见图 4-5）。机具识别传感器为系统组成的重要部分，内含存储模块，在使用前，在模块中存储不同的数值对应不同的机具类型。当主机识别到不同类型的机具时，根据该机具的固定配置，读取相应的参数，用于主机计算及服务器计算耕作亩数。表 4-2 所示为机具识别传感器设计参数。

图 4-4　有线机具识别传感器

图 4-5　蓝牙机具识别传感器

表 4–2　机具识别传感器设计参数

尺寸	51 毫米 ×34 毫米 ×31 毫米	输入电压	DC 5V
工作温度	–40℃ ~ 80℃	工作湿度	0% ~ 80%，无结露
防水等级	IP67	颜色	灰色
特征	01 开头，8 位		

身份标识：机具识别模块，安装在作业的农具上，相当于给农具做了唯一的身份标识。

参数记录：标识中记录了机具识别传感器的初始状态信息等重要参数，提供给主机进行分析，提供给云平台进行计算。

3. 摄像头。摄像头如图 4–6 所示，摄像头设计参数如表 4–3 所示。

图 4–6　摄像头

表 4–3　摄像头设计参数

像素	30 万、130 万、300 万	分辨率	640×480
工作温度	–20℃ ~ 80℃	输出方式	USB2.0
工作电压	5 ~ 36V	防尘防水	IP67
夜视照度	5Lux	夜视距离	5 ~ 8 米

4. 机具传感器。机具传感器主要有两种，分别是角度（姿态）传感器（见图 4–7）和霍尔传感器（见图 4–8）。

图 4–7　角度（姿态）传感器

图 4–8　霍尔传感器

角度（姿态）传感器：该传感器是全程机械化系统的数据采集部分，针对不同作业类型适配不同的传感器，通过不同位置的角度变换来区分农机的作业与行驶信息，需计算深度的作业类型（如深松作业）则通过三角函数的运算来计算作业深度情况。表 4–4 所示为角度（姿态）传感器设计参数。

表 4–4　角度（姿态）传感器设计参数

尺寸	51 毫米 ×34 毫米 ×31 毫米	输入电压	DC 5V
工作温度	–40℃ ~ 80℃	防水等级	IP67
分辨率	0.1 度	通信方式	CAN 总线
颜色	黑色	特征	02 开头，8 位
深度误差	＜ 3 厘米		

霍尔传感器：用于收割机监测。表 4–5 所示为霍尔传感器设计参数。

表 4–5　霍尔传感器设计参数

直径	12 毫米	长度	37 毫米
外壳材质	铜	耐冲击	$500m/s^2$x、y、z 方向各一次
工作温度	–20℃ ~ 65℃	工作湿度	35% ~ 85%RH
防护等级	IP67	负载电流	最大 150mA
输出类型	NPN	工作电压	DC5 ~ 30V
精准度	≤ 1%		

5. 不同作业类型的终端配套情况。

深松作业：拖拉机安装终端主机、双高清摄像头，深松机安装蓝牙机具识别传感器，可实现农机定位及作业图片、作业面积、作业质量监测等功能。

秸秆还田：收割机安装终端主机、双高清摄像头、霍尔传感器，主要功能为农机定位、轨迹查询及作业图片、作业面积、作业质量监测。

少免耕播种：拖拉机安装终端主机、双高清摄像头，播种机上安装蓝牙机具识别传感器。

6. 深松监测设计。

技术原理：通过安装在拖拉机后部提升臂上的姿态传感器的角度变化，判断是否为作业状态并计算机架与地面的距离变化，得到深松机深松铲的入土深度，即实际的深松深度值；安装摄像头采集农机作业图片信息以确保真实作业。后台经过统计分析可以监测每年的深松轮作情况。图 4–9 所作为深松作业场景。

图 4–9　深松作业

深度测量原理：通过监测大臂上安装的姿态传感器的角度变化并利用三角函数来计算耕深。

计算公式：已知臂长 L，根据大臂上安装的姿态传感器的角度变化，可计算出深度差 H，深度计算原理如图 4-10 所示。

H=L(sinb−sina)

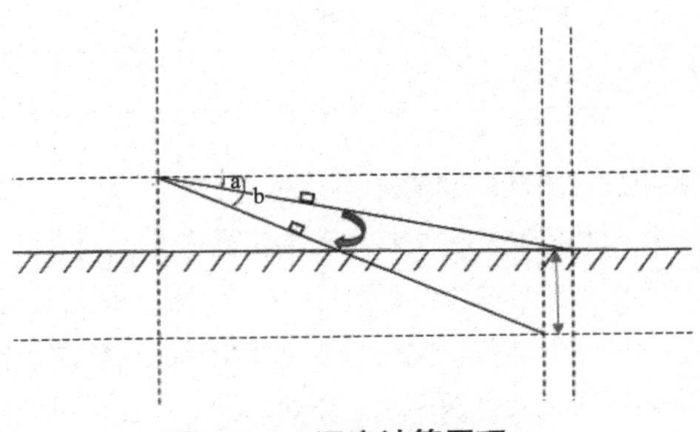

图 4-10　深度计算原理

（七）开展田间试验测试与分析

1. 田间试验与分析。为验证系统作业深度和作业面积的检测精度，在密云区河南寨农机合作社示范基地开展了系列试验。试验中，选用约翰迪尔 1204 拖拉机、大华宝来 1S−230 型深松机作为试验机型。

2. 作业深度试验。

试验条件：试验组的试验主机为约翰迪尔 1204，悬挂大华宝来 1S−230 型深松机，作业平均速度为 7.81km/h。

试验方法：试验组试验选取单块试验田，调整耕深分别为 20 厘米、25 厘米和 30 厘米，每个深度随机选取 20 个点，分别利用钢尺测量农机实际作业深度并记录，与监测深度进行对比。

试验结果与分析：试验结果如表 4-6 所示。从试验结果可以看出，与实际作业深度相比，20 厘米、25 厘米和 30 厘米耕深的作业深度监测平均误差分别为 0.590 厘米、0.555 厘米和 0.595 厘米，作业深度监测误差≤ 2

厘米，因此，农机作业质量监测技术在作业深度监测方面能够满足实际应用中对农机质量监管的需要。

表 4-6　　作业深度

耕深范围	20 厘米				25 厘米				30 厘米			
检测方式	监测深度 / 厘米	实际深度 / 厘米	误差值	误差百分比 /%	监测深度 / 厘米	实际深度 / 厘米	误差值	误差百分比 /%	监测深度 / 厘米	实际深度 / 厘米	误差值	误差百分比 /%
数据值	20	20.4	0.4	1.96	25.7	26.1	0.4	1.53	30.6	30.8	0.2	0.65
	20.2	20.6	0.4	1.94	26.8	27.5	0.7	2.55	30.8	31.2	0.4	1.28
	20.8	21.2	0.4	1.89	23.9	23	0.9	3.91	29.9	30.2	0.3	0.99
	20.6	20.9	0.3	1.44	25.6	26.2	0.6	2.29	33.6	34.2	0.6	1.75
	21	21.6	0.6	2.78	24.9	25.8	0.9	3.49	31.2	32.1	0.9	2.80
	21.1	20.5	0.6	2.93	23.2	22.3	0.9	4.04	29	29.5	0.5	1.69
	20.8	20	0.8	4.00	23	23.3	0.3	1.29	29.5	30	0.5	1.67
	21.3	22.3	1	4.48	22.8	22	0.8	3.64	27.4	28.3	0.9	3.18
	21.2	20.8	0.4	1.92	24	23.3	0.7	3.00	28.2	27.4	0.8	2.92
	19.9	19.3	0.6	3.11	26.8	27.5	0.7	2.55	29.6	30	0.4	1.33
	20.3	21.2	0.9	4.25	26.1	25.2	0.9	3.57	29.9	29.5	0.4	1.36
	19.8	19	0.8	4.21	27.3	27.7	0.4	1.44	30.9	31.8	0.9	2.83
	20.2	20.6	0.4	1.94	25.3	25	0.3	1.20	29.6	29.5	0.1	0.34
	21.7	22.5	0.8	3.56	24.9	24.7	0.2	0.81	31.7	32.5	0.8	2.46
	20.1	20.1	0	0	25.4	25.6	0.2	0.78	31.2	30.5	0.7	2.30
	21	21.7	0.7	3.23	24.6	24	0.6	2.50	33.6	34.5	0.9	2.61
	20.2	20.9	0.7	3.35	26	25.9	0.1	0.39	28.4	28.5	0.1	0.35
	20.6	21	0.4	1.90	25.8	26.1	0.3	1.15	27.2	28	0.8	2.86
数据值	19.8	20.5	0.7	3.41	26.9	26.6	0.3	1.13	29.3	28.5	0.8	2.81
	21.3	22.2	0.9	4.05	26.1	27	0.9	3.33	27.9	28.8	0.9	3.13
平均值	20.595	20.865	0.59	2.82	25.255	25.24	0.555	2.23	29.975	30.29	0.595	1.97

3. 作业面积试验。

试验条件：试验组的试验主机为约翰迪尔 1204，悬挂大华宝来 1S-230 型深松机，作业平均速度为 7.81km/h。

试验方法：试验组试验选取单块试验田，每作业一个往返记录一次作业面积，利用测亩仪测量农机实际作业面积并与监测面积进行对比。

试验结果与分析：试验结果如表 4–7 所示。从试验结果可以看出试验组作业面积监测误差为 2.19%，农机作业质量监测技术在作业面积监测方面的准确率在 97% 以内。因此，作业面积监测及计算准确度能够满足实际应用中对农机质量监管的需要。

表 4–7　作业面积

试验组序号	实测面积 / 亩	设备统计面积 / 亩	误差 /%
1	1.36	1.34	1.14
2	1.45	1.44	0.83
3	1.36	1.44	5.98
4	3.61	3.48	3.65
5	3.47	3.50	0.74
6	3.52	3.62	2.79
7	3.52	3.54	0.64
8	3.52	3.50	0.57
9	3.19	3.30	3.38
平均值			2.19

4. 监测终端准确度核验。2020—2021 年，两次组织第三方公司对已经实施的农机深松整地、秸秆粉碎覆盖还田和少免耕播种这 3 项关键保护性耕作技术作业质量的规范性和作业面积的准确真实性进行调查，采用了线上人工核验与实地查验相结合的方法对上述的 3 项关键保护性耕作作业数据的准确性和真实性进行了核验。

2020 年核验结果显示，在核验时间段内：①北京市 2020 年农机深松整地抽检复核地块面积计算达标准确率为 99.30%，符合农机作业监控终端面积计算准确率应大于 97% 的标准；② 2020 年度，北京市农机管理调度中心补贴作业监管系统中的秸秆粉碎覆盖还田作业面积 578.7 亩，作业面积经人工复核后为 572.98 亩，准确率为 99.01%；③ 2020 年度，北京市秸秆粉碎覆盖还田作业后的平均秸秆覆盖率为 91.05%，田间未发现翻耕动土作业，未发现秸秆焚烧情况。经实地调查，北京市 2020 年度秸秆粉碎覆盖还田作业及少免耕播种作业面积和作业质量真实、规范，符合秸秆粉碎还田作业和少免耕播种作业要求。

2021 年核验结果显示，在核验时间段内：北京市 2021 年农机深松整地、秸秆粉碎覆盖还田、少免耕播种这 3 项关键保护性耕作技术抽检复核地块面积计算达标准确率分别为 99.11%、99.05% 和 99.14%，符合农机作业监控终端面积计算准确率应大于 97% 的标准。

（八）推广模式

北京市季节性裸露农田扬尘抑制关键保护性耕作作业质量监测技术推广模式如图 4–11 所示。

1. 技术储备阶段。在该阶段，由北京市农业机械试验鉴定推广站主导开展保护性耕作作业质量监测技术储备，组织农机合作社、农机调度平台软件研发企业、监测终端硬件研发企业，开展技术研发、试验示范并不断改进，形成成熟的技术储备。其中，北京市农业机械试验鉴定推广站负责技术相关项目的申报和工作的组织协调及实施。

2. 成熟技术推广应用阶段。在该阶段，北京市农业农村局农机处作为全市农机管理行政部门，负责总工作的指导。北京市农业机械试验鉴定推广站作为市级农机推广部门，负责市级层面具体技术指导和实施，及时和参与项目实施的各主体保持紧密沟通联系，协助北京市农业农村局农机处做好保护性工作调研、实施方案撰写、设备安装督导、作业进度督导、具体农机作业数据统计及设备应用问题反馈等具体工作。北京市各区农机管理部门按照市级政策文件要求，做好农机调度平台应用、农机作业数据统计、补贴发放工作并及时向市级管理部门反馈各区具体实施存在的问题。监测终端供应企业按照北京市相关文件的要求进行设备安装，根据北京市农业机械试验鉴定推广站等反馈的问题及时对设备和服务进行完善。农机合作社和农机户具体负责保护耕作作业和监测终端的使用，在遇到问题时及时向上反馈。

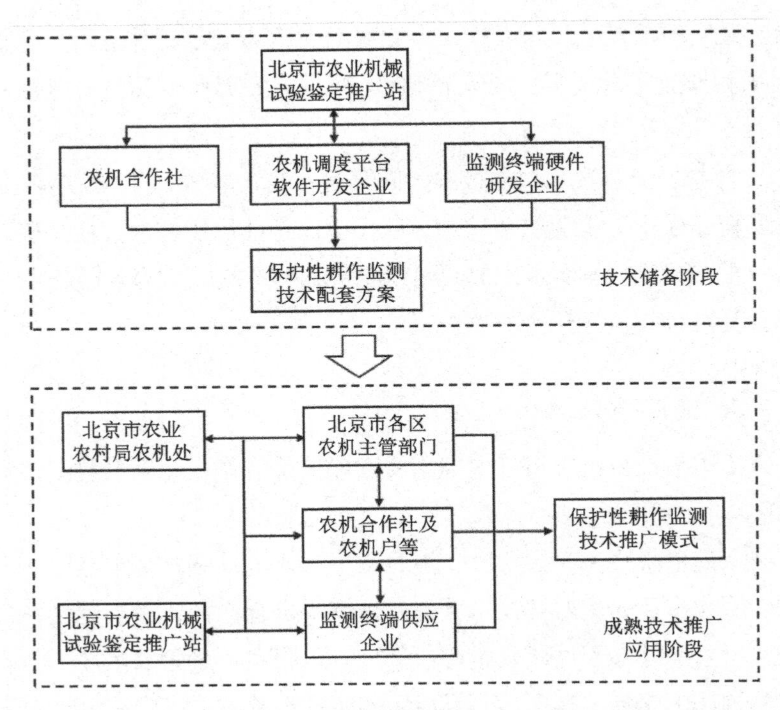

图 4–11　北京市季节性裸露农田扬尘抑制关键保护性耕作作业质量监测技术推广模式

（九）社会效益及生态效益

1. 提升市、区两级农机管理部门信息化管理科学水平。北京市农机管理调度中心平台的应用，为产业宏观决策提供科学数据支撑，便于北京市及其下属各区农机主管部门实时掌握市、区各级农机实时作业及历年作业信息、机具投入使用情况、使用效率等。通过监测数据的汇总和管理，进行多维度的数据分析，为政府主管部门的管理、决策，以及政策制定、政策实施效果提供数据支持。指导相关部门对农机作业补贴进行监管，通过建设大数据平台，为补贴的发放提供依据，提高补贴发放精准度和信息化程度。

2. 为保护性耕作推广和补贴发放提供科技手段支撑。集物联网、大数据应用为一体的保护性耕作信息化监测技术应用，有效解决了农机深松整地、少免耕播种、秸秆粉碎覆盖还田作业人工查验工作量大、工作效率低、抽查范围小及监管难度大等问题，由传统的人工5%比例抽样转变为100%面积信息监测，为作业补贴提供了科学的量化依据。

3. 提质增效，藏粮于地、藏粮于技。农机作业质量监测系统推广应用效果显著，通过深松监测技术的大面积应用，实现深松作业面积100%监测，确保了深松作业质量。据统计，深松作业合格率达到97%以上。有效的深松作业，可使春玉米增产8.9% ~ 11.7%、小麦增产7.3%、夏玉米增产13.2%；0 ~ 100厘米土壤质量含水量增加了3.2% ~ 5.9%，土壤稳定入渗率增加了62.5% ~ 224%，累计入渗量提高58% ~ 264%；0 ~ 30厘米植物有效水提高了5.2% ~ 14.9%；小麦、玉米种植苗期，0 ~ 30厘米耕层深松处理较免耕处理土壤容重降低约5% ~ 10%。有效提升播种、深松等作业的水平，有利于最大限度地发挥土地的生产能力。秸秆粉碎覆盖还田和少免耕播种监测技术的推广，大幅提高了农机合作社的实际作业质量，为土壤改良、作物增产提供了保障。

4. 促进北京市农机行业健康发展，为农机经营主体提供信息化管理手段。通过技术手段和严格、有效的管理相结合，实现公平、公正、公开的农机作业补贴管理，营造了良好的农机作业社会化服务市场，实现了农机合作社之间依靠作业质量和口碑来公平竞争的良好局面。为农机经营主体提供信息化管理手段，提升经营主体管理水平、提高资源利用率、提升效率，推进规范管理、规范作业，提升合作组织的经营能力和盈利水平。

5. 生态效益明显。2020年，项目组在顺义等8个区选择合适位置各安装了3套扬尘监测设备，总计24套，对顺义区、大兴区等8个区实施保护性耕作监测技术前后的扬尘进行监测，组织中国农业大学专家团队对监测数据分别进行采集和分析，形成8份专业报告。数据表明：采用以秸秆粉碎覆盖还田和少免耕播种为核心的保护性耕作技术对农田扬尘抑制的效果显著，与传统耕作相比，农田扬尘可减少32.81% ~ 40.42%，采用多覆盖、少动土的高质量保护性耕作地块抑制扬尘效果尤为明显。

第二节

大田智能水肥一体化技术

一、技术介绍

灌溉和施肥可以为农作物正常生长提供所需的水分和养分，但这两部分支出占农业生产成本的比重较大。采用科学灌溉和合理施肥技术既是提高农作物产量、保障粮食安全的重要措施，也是节水、减肥、降本且促进农业高质量发展的重要手段。灌溉和施肥的机械化被认为是农业生产全程机械化的“最后一千米”，决定未来少人化、无人化农场的建设能力和管理水平。因此，改造已建的高效节水灌溉工程，大力发展水肥一体化技术，对实现灌溉和施肥的全程机械化并向自动化、信息化、智能化发展具有重要意义。

二、发展现状

以北京市密云区为例，现有圆形喷灌机 10 台，分别分布在密云区河南寨镇平头村、两河村、陈各庄村和十里堡镇水泉村、巨各庄镇蔡家洼村，以及溪翁庄镇东智北村等地。调研了解到多数圆形喷灌机在 2015 年前后建设安装，以灌溉小麦为主，机型主要为 3 ~ 5 跨，分为中心支轴式和平移式两种。部分地区因为地块改变用途——种植树苗或者改作试验用地，导致喷灌机闲置不用。

目前，喷灌机基本没有配套智能化控制功能。从性能上看，大部分喷灌机能满足日常灌溉需求，部分喷灌机已实现基本水肥一体化，并且在小麦中期管理中起到了很好的作用。但是，还存在以下问题：一是部分喷灌机和地块尺寸不匹配，有的覆盖面积不够，有的作业受空间影响；二是水肥一体化改造不充分，田间未安装土壤墒情传感器、气象站、流量计等，无法准确掌握作业灌溉和施肥情况，部分设备即使进行了改造，但仍不具备精准施肥的功能；三是喷灌机的管理问题。应加装视频监控等功能，防止偷盗的同时可以实时监控喷灌机的使用。推进喷灌机的升级改造，实现喷灌机水肥一体化和控制的精准化、智能化，具有较大的发展空间。

三、密云区河南寨镇应用案例

（一）基本概况

地点位于北京市密云区河南寨镇宁村东侧、陈各庄村西侧，临近大广高速和密云高铁站，地块呈不规则多边形，地势平坦，总面积457亩。土壤为砂壤土，土层厚度超过100厘米。

安装了一台圆形喷灌机，型号为DYP-200，为现代农装科技股份有限公司生产，共有3跨，每跨61米，末端悬臂长度为21米，整机长度为204米。共悬挂安装了74个美国Nelson公司的D3000喷头，喷头平均间距2.78米，每个喷头配有Nelson公司的20PSI压力调节器。在悬臂末端安装了意大利Sime公司的Jolly（代号10124）摇臂式喷头。当喷灌机百分率设定值取100%时，第三跨塔架最快行走速度为2.17m/min，即圆形喷灌机最快转一圈需要8.8小时。图4–12所示为圆形喷灌机全景，图4–13所示为悬臂末端安装的Jolly摇臂式喷头。

图4–12 圆形喷灌机全景

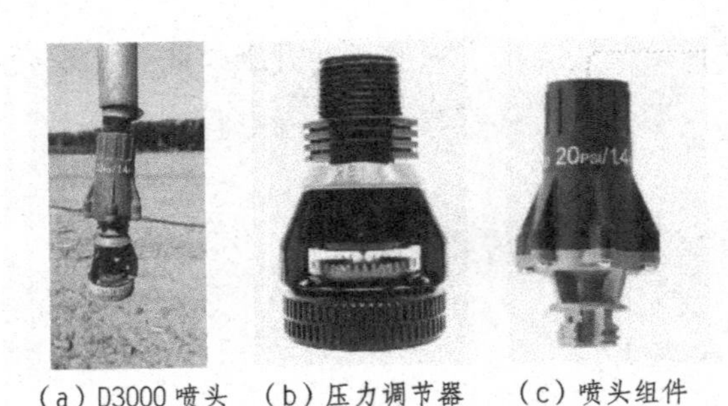

（a）D3000 喷头　（b）压力调节器　（c）喷头组件

图 4–13　悬臂末端安装的 Jolly 摇臂式喷头

圆形喷灌机由位于其东侧的距离中心支轴 200 米处的单眼机井供水。该机井通过出口处的远传压力表（已坏）监测水压，再通过变频控制（BD330 变频器，富凌电气公司生产）。井泵泵管口径为 7.62 厘米，后扩大为 10.16 厘米。水泵型号估计为 200QJ50–65，流量 $50m^3/h$，扬程 65 米，功率为 15kW，需再确认。水泵出口处安装了 DN100 普通水表。

（二）智能化改造内容

1. 重新配置喷头，更换部分喷嘴。经现场勘察发现，圆形喷灌机在使用中出现了喷嘴编号错乱，以及喷头丢失、被盗现象，因此，待井泵型号核实后，需要对喷灌机重新进行喷头配置，更换部分安装错误编号的喷嘴，以提高整机的喷灌均匀性。

2. 扩大尾枪射程，增设控制阀门。经现场勘察发现，圆形喷灌机末端悬臂安装了意大利 Sime 公司生产的 Jolly 摇臂式喷头。待井泵型号核实后，根据可提供的井泵流量，重新选配该喷枪的喷嘴直径，以优化扩大尾枪射程。

另外，为减少喷灌蒸发漂移损失，也便于日常维修，改用下悬管方式，降低尾枪安装高度。在尾枪进口处增设控制阀，实现根据地块边界附近是否需要喷洒而自由地打开或关闭尾枪工作。

3. 增加施肥装置，实现水肥一体化。目前，现场没有安装施肥装置，不具备水肥一体化功能。为此，在圆形喷灌机中心支轴处增加专用的泵注式施肥装置，由工作流量 300L/h 的柱塞泵、容积 2000L 的储肥桶、电动搅拌器、过滤器、单向阀、底架及液晶触摸屏控制柜等组成。根据配置肥液实现定时、定量两种施肥模式，既可以本地控制，也可以远程控制。配备液位传感器，自动监测储肥桶内的肥液高度；同时，施肥结束后还能够自动清洗施肥装置，确保施肥装置安全运行。此外，施肥装置具备变量施肥功能，以适应末端尾枪开启和关闭过程中所需注肥流量的动态变化，确保圆形喷灌机整机工作过程中的灌溉施肥均匀性，实现机组的变量灌溉施肥。图 4–14 所示为改造后的施肥装置效果。

图 4–14　改造后的施肥装置效果

4. 增设量测装置，实现计量功能。经现场勘察发现，井泵出口处的远传压力表和喷灌机中心支轴处的普通压力表均已损坏，无法监测喷灌机是否处于正常带水运行状态；而且，现场安装的普通水表不适合灌溉使用，也不具备数据远传功能，无法实现对井泵和喷灌机系统的运行状态及灌溉用水量的远程监控。因此，需要增加远传压力变送器、远传水表、远程水泵控制器。

5. 改造喷灌机控制系统，实现远程控制。目前，喷灌机配置的电气控制柜仅具备最基本的本地运行控制功能，如方向控制、行进速度调节、起停控制。喷灌机操作需要穿越作物到中心支轴处，而且手动调节百分率值误差大难以做到精准灌溉，一旦机组运行过程中出现走偏、漏水等问题也难以及时处理；同时，尾枪边角灌溉与施肥装备协同实现精准水肥一体化联合运行也要求喷灌机具备运行状态自动感知、自动运行及远程调节控制能力。为此，对现有控制系统进行以下改造：增加尾枪控制功能，增加本地远程切换功能；替换本地现有指针式普通压力表为数显压力变送器；增加北斗定位装置，实现喷灌机运行位置实时监控，为尾枪实现边角灌溉提供精准定位；增加远程控制装置，实现喷灌机运行控制远程化，同时实现入机压力、运行方位角的监测传送；增加机载摄像头，进行作物生长及设备运行状况观察；增加信息管理平台，提高管理水平。图 4–15 所示为详细安装情况。

图 4–15　详细安装情况

在设备层进行自动控制及远程控制能力提升的基础上，通过 5G 移动通信、LPWAN、Wi–Fi 等传输数据，将目前孤立的设备融合为有机系统。增加边缘工作站及云主机，以建立信息平台，实现项目基地的信息传输、存储、处理决策，利用 PC 端、手机端程序作为系统人机界面，为少人化、无人化农场的建设打下坚实基础，同时为今后技术推广提供良好的引领示范。为此，增加的主要设备有 5GCPE、无线网桥、边缘工作站（包含显示器）、UPS、云主机等。

第三节

农机作业辅助驾驶技术

一、技术介绍

目前，农机作业辅助驾驶技术主要包括农机自动导航驾驶、一键掉头、电液后提升等。

（一）农机自动导航驾驶系统

农机自动导航驾驶系统是实现农机自动定位导航的技术。农机自动导航驾驶系统是精准农业技术体系中的一项关键核心技术，广泛应用于耕作、播种、施肥、喷药、收获等农业生产过程。农机自动导航驾驶系统利用北斗、GPS 等卫星导航定位系统加上 RTK 模式获取高精度定位坐标数据，采用高灵敏度角度传感器采样，再由控制器加入定位信息进行处理，对农机的液压系统进行控制，从而控制车轮的偏移角度，使农机按照设定的路线（直线或曲线）自动行驶。

应用农机自动导航驾驶系统可以最大限度地降低作业幅宽的重叠与遗漏，又可以减少转弯重叠，避免浪费，节省资源；同时，应用自动导航驾驶技术可以提高农机的操作性能，延长作业时间并能实现夜间作业，大大提高农机的出勤率与时间利用率，减轻驾驶员的劳动强度。在作业过程中，驾驶员可以用更多的时间注意观察农具的工作状况，有利于提高田间作业质量，为日后的田间管理和采收机械化奠定基础。

（二）一键掉头技术

一键调头功能主要是辅助驾驶 + 后悬挂系统的功能组合，机手使用辅助驾驶在田地里进行直线作业到达地头时可以按下屏幕上的“一键调头”按钮，辅助驾驶进入调头模式。处于调头模式时，系统先自动抬升农具的同时进行自动调头，调头完成后拖拉机自动进入下一作业行继续作业。入行的同时，系统自动放下农具，如此循环直到作业结束。一键调头功能一定程度上解放了机手的双手，使得农机作业更加轻松。后装拖拉机只能控制方向盘和后悬挂的抬升和下降。由于无法控制速度、倒车、挂挡、停车、传动轴车反转等，目前一键调头功能在后装拖拉机上支持U型套圈功能，支持普通农具的抬升下降，支持灯泡型调头（见图4–16）和U型调头（见图4–17）。灯泡型调头需要预留18米以上的地头，U型调头需要预留9米以上的地头。U型调头的特点是隔行套圈，所隔行数取决于转弯直径，最小间隔为一个转弯直径的距离，优点是所留地头小，作业效率高。

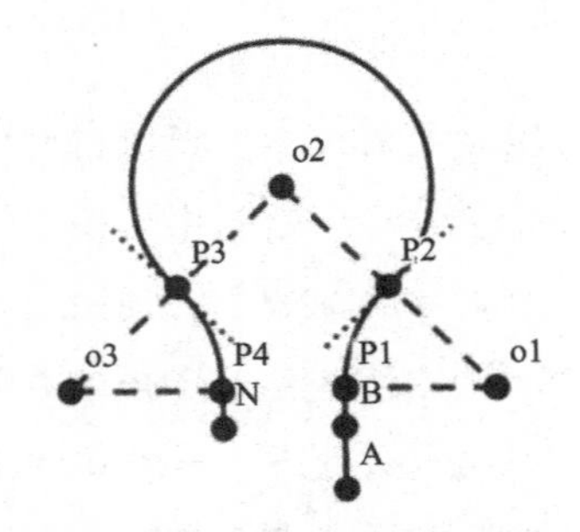

图4–16　灯泡型一键调头

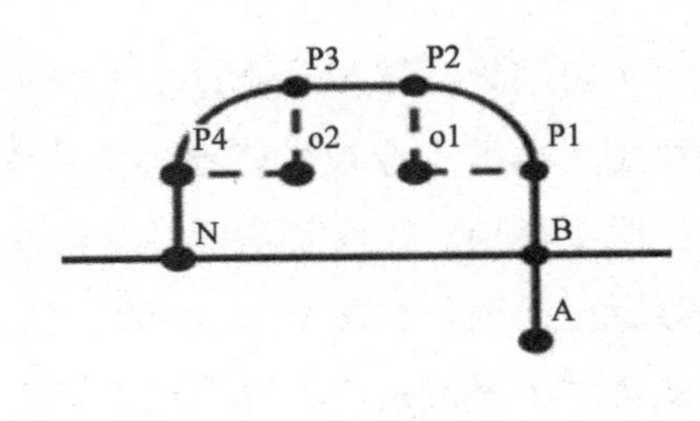

图4–17　U型（弓形）一键调头

（三）电液后提升技术

拖拉机电控提升器是近年拖拉机零部件行业的热点，通过替代传统的机械液压产品，电控提升器依靠先进的传感器及液压控制技术，驾驶人员操作简便的同时使作业效果得到提升。电控提升器主要组成部件包括控制器、控制面板、角度传感器、电控提升阀及配套的其他部件。

二、发展现状

精准农业是将导航、通信与自动化控制技术运用于农业生产，利用现代机械设备与监测系统进行田间管理，针对田间具体环境与作物状况因地制宜，精细准确地开展施肥、施药及播种、收割等管理措施。精准农业的目的是降低产业投入条件下获取更优的产出，提升作物的产量和质量，保护生态环境，促进农业可持续发展。精准农业体系主要包括卫星导航系统、地理信息系统、遥感技术、管理信息系统及自动化控制等。卫星导航技术在精准农业中的应用主要体现在两方面：一方面是农业信息的定位，包括农业土壤及作物监测信息的准确定位等，便于分析处理和决策；另一方面是农机的自动导航控制，包括田间作业农机的自动导航驾驶与作业控制等，提高农机的工作效率。北斗卫星导航系统可提供免费、实时的无源定位服务，为农机的智能控制提供导航定位信息。随着北斗卫星导航系统的进一步建设，其将成为我国精准农业技术发展的核心组成之一。图4–18所示为精准农业技术组成。

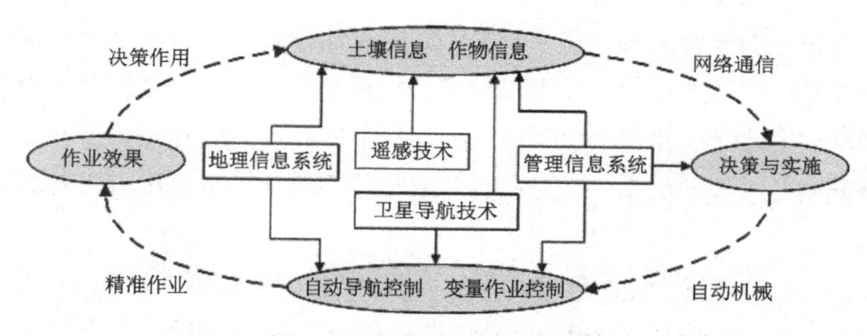

图4–18　精准农业技术组成

近20年来，精准农业技术在国外得到快速发展，实现了大规模、自动化、精细化农业生产，获得了十分可观的经济效益。20世纪80年代，美国的业界提出了精准农业的构想。1995年，美国的厂商在联合收割机上装备了GPS，实现了精细化作物收割应用，标志着精准农业技术的诞生。在随后的发展中，利用GPS、计算机网络和自动化机械的结合逐渐实现了播种、收割、施肥、灌溉等农业作业的精细化，大大降低了大面积作业下的人力和资源投入，提高了工作效率和经济收益。欧洲、北美和澳大利亚、日本等也相继开展了精准农业建设，基于卫星导航、微机械惯导等技术发展相应的自动化农机，实现自动化作业生产，如无人播种机、无人驾驶拖拉机等。目前，国外精准农业普遍基于GPS卫星导航系统。伴随着自动化农机和飞行器材的应用，需要GPS接收机提供分米级至厘米级的定位精度。差分 GPS 得到了普遍应用，依靠载波相位差分技术可为农机提供精度误差 2 厘米的定位服务。

精准农业对卫星导航定位精度的需求与作物种类和作业方式高度相关，但随着定位性能的提升，投入成本也迅速增加。针对精准农业应用的卫星导航产品普遍集中在 2 ~ 5 米的范围，这是由于接收机设计可在适度增加成本的基础上基于多种改进算法达到比普通接收机更优的定位性能，而且 5 米的定位精度可显著提升人工作业效率，如人工操作机械收割或航空喷洒等应用，对于中小型农田作业具有良好的成本和效率优势。对于特大型农田，需要最大限度地降低人力投入和提升作业效率与质量，以提升作物产出，精细至 2 ~ 20 厘米的播种与收割需要自动化农机完成，在这种条件下，对于特大型农田采用 DGPS 的成本投入相对于产出仍具有良好的适应性。精准农业的总体发展趋势是实现高精准、自动化作业，为了提升精准农业水平，推广 DGPS 在精准农业中的应用，国外相关厂商正在逐步降低差分系统的成本，以适应各类农田特别是大中型农田应用对成本的需求。

北斗卫星导航系统是我国拥有自主知识产权的卫星导航系统。目前，北斗二代系统已可为我国及周边区域提供免费的无源定位服务，已具备为我国精准农业发展提供技术基础的能力。相对于国外卫星导航系统，北斗在我国精准农业中的技术优势包括信号覆盖能力好、提供三频定位、提高定位精度、提供短报文通信能力。

北斗卫星导航系统在我国精准农业中的发展与应用，需要与我国农业发展现状与趋势相结合。受经济水平、人口密度和耕地分布的影响，精准农业在我国农业体系中所占比例相对不高，技术推广率低，特大型及大型农田较少，因此，我国尚不能大范围采用全自动化农机，人工操作仍为主要作业方式。北斗卫星导航系统在精准农业的应用可包含两种应用模式，一种为面向无人作业应用，采用差分定位（RTK）体制，应用于特大型及大型农田；一种为面向辅助作业应用，采用高精度接收机体制，应用于大中型农田。其中，无人作业应用的模式如图 4–19 所示。

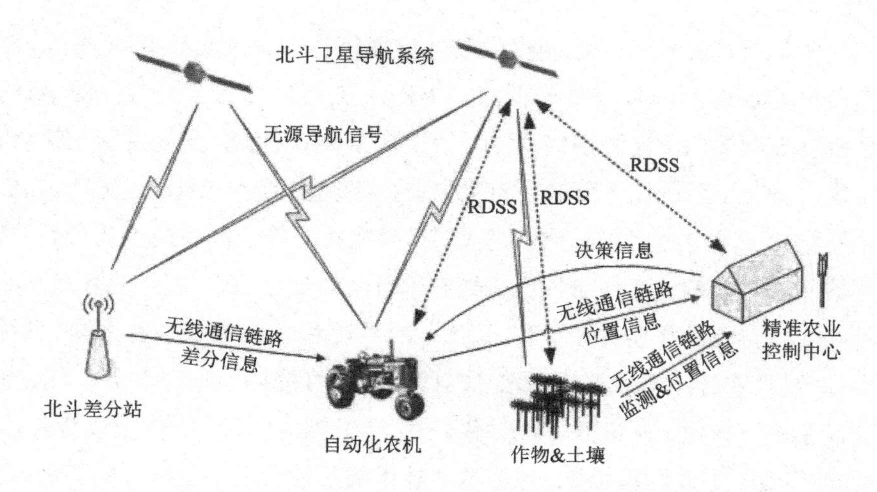

图 4-19 北斗在无人作业中的应用

图 4-19 中，地面设备包括一个北斗差分站、装备有北斗差分接收机的自动化农机、用于作物和土壤监测中定位的移动差分接收机、用于处理分析信息并生成决策的控制中心。北斗差分站接收北斗卫星导航信号并向服务区内播发差分信息，北斗差分接收机接收空间导航信号和差分信号来定位自动化农机在接收到控制中心的决策后根据自身定位数据按照规划的轨迹行驶，根据任务决策在不同的作业区域调整作业强度，如喷淋流量、播种密度等，实时通过地面通信 /RDSS 通信将自身的定位信息传递至控制中心。对于作物及土壤监测，在开展监测时通过北斗差分接收机将定位信息发送至控制中心以便于分析处理。通常，一个北斗差分站可实现数十千米内的差分接收机达到分米级至厘米级的定位精度。

自动化农机是无人自动化作业的主要实现载体，RTK 定位是自动化农机的基本技术之一。自动化农机作业包括自主驾驶和自主作业两部分，自主驾驶是指按照规划的轨迹自动完成运行和速度控制，自主作业是指在指定区域开展指定种类和强度的作业活动。达到这一目标需要实现精准定位、测向测姿、变量控制、自动驾驶和有效通信等。北斗卫星导航系统，在自动化农机上的作用体现在 3 个方面：通过北斗 RDSS 通信实现农机和管理中心间的信息交互，满足指令的传递和信息反馈；通过北斗 RTK 接收机实现高精度定位，为运行和作业自动控制提供基本位置信息；通过北斗 RTK 多天线方式提供基本测向测姿数据并和低成本 MEMS 进行信息融合，为自动化农机设备自动控制提供测向测姿信息。通过通信、导航定位、自动控制的整合，可实现自动化农机的自主驾驶和自主作业，实现自动化精准农业生产。

一键掉头及电液后提升技术完成对国外机械智能控制系统企业产品的替代率达 70%。目前，市场已售出搭载农机自动驾驶“2.0 系统”的智能农机，合计 843 台，具备智能驾驶“2.0 系统”的导航系统 3470 套，搭载电控后提升的拖拉机 263 台。农机自动驾驶“2.0 系统”，可提高作业效率 5% ~ 9.8%，全自动模式下作业，提高田块利用率 4.5%，降低燃油、种子、化肥浪费 4.5%。上述技术已进行商业化应用，搭载这些技术的智能农机装备累计销售额破亿元，这些技术的应用将带动一大批职工走上科学化、规模化从事农业生产的道路，让农民通过科技提高生产效率和生产收益，使农业生产走向依靠科技发展的道路。农机自动驾驶“2.0 系统”可减少化肥和农药用量，降低环境污染，提升农机作业管理水平，提高水肥利用效率，增加土壤肥力、增厚土壤养分含量，增加活土层，提高地力，改善耕地质量，有利于保持良好的生态环境。

三、应用案例

（一）自动驾驶

1. 农用无人机。无人机飞播是近年来新兴的水稻种植方式，这种飞播方式较传统插秧具有更多优势。省去育苗、移栽、插秧等环节，省时省工，每架无人机每天飞播作业量能达到 4000kg；不存在返青和拔秧植伤的过程，生育期要比同期移栽的水稻短；简单、方便，有利于规模化发展；飞播的水稻分蘖少，主要靠稻种成苗后的基本苗成穗，因此，有效穗多，结实率高，从而达到增产效果。

以惠达农用无人机 HD540Pro 为例，播撒载重可达 50kg。采用超高速离心式播撒盘，播撒流量 108kg/min。使用农业无人飞机进行水稻飞播作业，为了保证种子播撒的均匀度，采用两遍播撒的方式，根据不同的地块，亩用量控制在 7 ~ 15kg，播幅在 5 米左右，相对高度在 3 米左右，飞行速度 7m/s；

单次每亩作业时长 1min 内，每亩作业费用平均控制在 5 元左右，超高的效率和超低的作业成本得到种植户的一致好评。针对续航方面，采用行业最大容量电池（18S–30000mAh），一块电池轻松飞行多个架次。最大化单块电池的作业亩数，有效降低了作业成本。一块电池可以进行 4 ~ 5 个架次作业，远超同行 2 ~ 3 个架次的水平。

2. 水稻直播机。随着我国农村劳动力大量转移和农业生产成本的不断增加，直播水稻发展很快，水稻机械化精量穴直播是一种轻简化种植方式，越来越受到农民的欢迎。与其他水稻种植方式相比，水稻直播机的农艺要求更简单、作业效率更高，省去了育苗的环节，并且不用停下来换秧盘，一次装种子可以连续作业十几亩甚至几十亩。

搭载农机自动驾驶系统进行水稻直播作业，能够有效避免重耕、漏耕的出现，更好地保证均匀的种行间距。进一步拓展惠达精量播种系统的设备还可同步实现变量播种控制、播种监测与种肥余量监测。图 4–20 所示为搭载农机自动驾驶系统的水稻机械化精量穴直播。

图 4–20　搭载农机自动驾驶系统的水稻机械化精量穴直播

3. 水稻插秧机。插秧机自动驾驶系统在保证良好的作业直线度与标准行间距的基础上可同步实现插秧机一键掉头自主换行，为插秧机作业提供更便捷的操作方式。传统插秧机作业时，通常需要 1 名驾驶员和 1 ~ 2 名补苗操作员。使用惠达插秧机导航自动驾驶后，驾驶员可同步兼顾补苗操作，有效减少车载人员，直接降低人工投入成本的同时提升单次载苗量，全面提升水稻插秧作业的综合效率与作业质量。

在黑龙江建三江农垦，进入水稻插秧农忙季节后，单日在线设备数量峰值达千余台。其插秧精准度高，行间距基本一致，几乎没有缺苗、断空的现象，更能节省人力，大大提高土地的利用率和产出率。

在黑龙江桦川县，玉成现代农机合作社的理事长在央视直播中详细地介绍了导航的操作方法，表示惠达导航为农户节省了人力农资，带来更多的收益。

在辽宁盘锦市农户王师傅的稻田里，2023 年请来了一位好帮手，它就是搭载了惠达农机自动驾驶系统的插秧机。其能实现自主打点转向、一键掉头，支持直线、曲线多种作业模式。经过近 10 天的实际检验证明，装备惠达农机自动驾驶系统的插秧机工作效率提高了 50% 以上。

在江西乐平市，25.4 万亩早稻栽种工作全面展开后，稻田里呈现出一派繁忙景象。使用加装了惠达农机自动驾驶系统的插秧机进行插秧作业，农户评价：惠达导航开得直，操作简单，产品稳定耐用、售后及时，能第一时间解决问题。

（二）一键掉头及电液后提升技术

主要围绕一键掉头技术在实际生产作业场景中的效果进行数据采集。选取北京市怀柔区、平谷区共两个合作社，对其 3 台农机进行智能化改造，分别选取平谷区的 1 台东方红 LY1404 拖拉机、怀柔区的 1 台 1004 拖拉机及 1 台 904 拖拉机（见图 4–21）。

图 4–21　试验改装车辆

结合农时，2023 年上半年主要就大田旋耕及玉米播种两个作业，进行一键掉头技术与传统的人工操作比较，核心数据指标包括作业效率、直线度及土地利用率等指标。图 4–22 所示为车辆测试及数据采集现场。

图 4–22　车辆测试及数据采集现场

一键调头功能一定程度上解放了机手的双手，降低了机手的劳动强度，使得农机作业更加轻松，可提高作业效率 5% ~ 9.8%，全自动模式下作业，提高田块利用率 4.5%，降低燃油、种子、化肥浪费 4.5%。

一键掉头核心技术创新点包括以下几个方面。基于北斗卫星导航系统，研发直线精度在 ±2.5 厘米的自动驾驶系统。自动驾驶系统是集卫星接收、定位控制于一体的综合性系统，该系统将北斗卫星高精度定位技术与车辆自动驾驶技术相结合，通过精确测量车辆的位置、航向和姿态，自动控制车辆转向角度，引导车辆根据事先设定的路线，严格的沿直线、圆周或任意设定的路线行驶。在大大提高农机作业效率的同时，保证农田重复作业的厘米级精度，降低驾驶员的劳动强度。

研发基于力位双调节的拖拉机电液悬挂系统。电液悬挂系统是对传统机械控制的升级改造，基于CAN总线通信方式，依托控制器、控制阀组和角度、力、位等传感器及相关控制算法，实现位置控制、强压控制、浮动控制及耕深保持，提升作业质量及作业效率，

研发以农艺数字化模型为核心的自动驾驶及电液悬挂协同作业的控制系统，将农机作业数字化，根据作业特点，规划作业类型，同时研发农机自动驾驶及电液提升控制协同算法，实现一键掉头核心功能。

第四节

农机无人驾驶自主作业技术

一、技术介绍

国内农业劳动力日益减少，用工成本不断上涨，发展无人化农机自主作业技术势在必行。农村青壮年劳动力流失不断加剧，我国农业生产面临着劳动力质量和数量的双重不确定性，农业劳动力短缺问题终将成为制约农业发展的首要问题。因此，逐步探索发展农机无人作业是大势所趋。从近期来看，与美国等规模化种植的国家和地区相比，我国土地规模较小且分散，农机合作社普遍购置中小型农机，需雇佣数量众多的劳动力，这给农机合作社造成了高昂的劳动力雇佣成本和劳动力管理成本负担。因此，发展少人化、无人化技术与装备，达到不雇人、少雇人甚至实现劳动力自给，具有切实的现实意义。

农机无人驾驶自主作业技术主要是通过集成应用新一代物联网、大数据、无人驾驶等现代农业信息技术，以智能拖拉机、植保无人机、智能水肥一体化设备、智能收割机等农业智能装备为核心的智能农机具，开展机群全程无人作业。农机无人驾驶自主作业技术涉及计算机技术、电子技术、控制技术、液压等多学科的技术，是现代农业中的一项新兴技术。以拖拉机为例，进行拖拉机无人驾驶技术的研究，目的是使拖拉机具备自定位、自主行走能力和

自动控制能力，在作业过程中根据导航定位系统准确判断自身的姿态、根据路径规划准确获取自身的行走轨迹，然后通过综合控制拖拉机的转向、速度、发动机、电液提升等，最终实现按照规划路径行驶、作业。

农机无人驾驶自主作业技术主要包括四大关键技术：定位、控制、规划和感知。

一是定位。高精度定位是农机无人驾驶自主作业最基础的要求。北斗卫星导航系统可以提供全天候、高精度和实时的位置、速度和时间信息，经过差分改后，北斗终端的定位精度可以达到 1 厘米。因此，拖拉机在田里是不是走偏了，通过北斗定位立即就能判断出来。

二是控制。包括车辆导航控制和机具作业控制两部分。车辆导航控制主要包括横向偏差控制、发动机启停控制、纵向速度控制、制动控制和传动比控制等。新一代的拖拉机普遍采用了线控底盘，只需要制订控制策略，就可以通过 CAN 总线进行实时的精确控制。机具作业控制主要包括两个方面，一是悬挂装置的控制，提起或降下农机具；二是机具内部机构的控制，以智能电控播种机为例，将播种机接入 CAN 网络，就可以对播种机的株距、播种单体的启停和施肥量等进行精准的控制。

三是规划。实现农机的自主控制后，我们要告诉农机沿着什么样的路径作业和转弯，在不同的区域设定相应速度。因此，要提前测绘农田地图，根据农田边界和障碍物分布，规划农机作业的最优路径，让农机“按图索骥”作业。

四是感知。无人驾驶农机还应具备一定的感知能力，主要利用毫米波雷达、激光雷达、摄像机等传感器准确识别人员和动态障碍物。

总的来说，无人农机作业主要有两个发展方向，即大型自动化农机和小型农业机器人。前者主要是在当前大型拖拉机、收获机的基础上，进行无人化改造，甚至采取颠覆性的设计和结构；后者则是发展体积较小、灵活轻便、功能多样、可编程的小机器，利用多功能卡车将这些小机器运输并释放到农田中，由小机器自主完成作业和中途返回卡车进行能量与物质补给。农机无人作业技术目前尚处于研发试验阶段，离大规模普及应用还有一段不小的距离，但随着相关技术、标准、产业的不断发展、完善、健全，不久的将来，其势必在农业中逐步应用落地。

二、发展现状

目前，市场上仍旧是辅助驾驶设备居多，仍旧需要机手，无法解决劳动力短缺问题。随着我国城市化及土地集约化的进程加快，无人驾驶农机的需求会越来越大。然而，目前我国农机无人驾驶技术研究与推广面临以下一些关键问题：①无人驾驶农机作业环境感知相关技术尚难以保障作业安全，目前研究多关注于单个传感器算法验证层面，难以迁移到农业场景；②多台农机难以协同作业，农业生产往往需要多台机器同时作业，但目前研究多关注单机作业，与实际作业需求相差甚远；③无人驾驶农机精准作业难，农机作业包括农业耕、种、管、收四大环节，不同环节配套的农机具不尽相同，不同的农机具的自主控制技术差别较大；④农机无人驾驶技术推广应用难，新技术往往可靠性较低，农户接受意愿较低。

劳动力是重要的生产要素，伴随着社会发展和科技进步，劳动力的作用不断发生变迁，具体表现为人的体力和智力的作用变迁。无人化即通过智能化技术装备，替代人在田间感知和决策并控制装备行走与作业的过程。在当前我国农村青壮年劳动力流失加剧的严峻形势下，在全程农业机械化的基础上，发展无人化农机作业技术装备，是近年智能农机领域出现的新需求、新热点和新尝试。

（一）国外研究现状

20 世纪 90 年代，日本、美国和欧洲等发达国家及地区开始进行自动化农机和农业机器人的研发与试验。日本北海道大学 Noguchi 教授是该领域的权威专家，其团队利用高精度卫星定位、惯性导航、激光雷达、视觉侦测等技术，研发了自动化拖拉机和机群协同技术，即拖拉机从机库出发到进入农田作业和返回机库，均可以实现全程无人操作。图 4–23 所示为北海道大学研发的无人驾驶机群。井关、久保田和洋马等日本企业，基于“1 个机手、2 台机器”的设想，改进无人驾驶拖拉机，以提高作业效率、应对劳动力供给不足。图 4–24 所示为久保田研发的无人驾驶拖拉机。在美国，凯斯纽荷兰工业集团于 2016 年展出了两种不同版本的无人驾驶概念车辆，即无驾驶室凯斯 Magnum 拖拉机和有驾驶室的 NHDrive™ 拖拉机。这两种拖拉机均配备了完整的感应和探测装置，能够侦测并避开障碍物。

图 4–23　北海道大学研发的无人驾驶机群

图 4–24　久保田研发的无人驾驶拖拉机

图 4–25 为过去 20 年有代表性的高度自动化农机实例。其中，图 4–25A 为卡耐基梅隆大学研发的收获机（1997 年），图 4–25B 为约翰迪尔公司研发的水田拖拉机（2002 年），图 4–25C 为 KINZE 研发的收获系统（2014 年），图 4–25D 为凯斯纽荷兰工业集团研发的无人驾驶概念车（2016 年）。这些概念车和样车，都配备了较为完善的感应和探测装置，能够侦测并避开障碍物。

农机制造巨头约翰迪尔公司在拖拉机自动驾驶方面做了大量的工作，实现了等高地面的直线行驶和避障，在此基础上实现了部分农业作业的智能化，如果园除草、果树的检测等。此外，约翰迪尔公司一直致力于农机导航产品的研发和制造，其主导产品绿色之星（GreenStar™）卫星导航系统能使农机具往复线的重叠减少，使整地、播种、收获机具的工作效率提高，同时可以有效控制时间和肥料、种子、燃料等各项农业生产成本，使各项农业生产成本达到最低。

图 4-25　过去 20 年有代表性的高度自动化农机实例

值得一提的是，英国哈珀亚当斯大学的乔纳森·吉尔、基特·富兰克林和马丁·埃布尔 3 位科学家组成的研究小组提出并创建了全球第一家无人农场。他们利用无人机采集“四情”数据，观察作物生长情况并进行空中评估。然后，应用一种自主研发的无人驾驶遥控拖拉机，由农场主在控制室远程遥控以实现播种和喷洒等作业。到了收获季节，则利用一台无人驾驶联合收割机完成收获作业。2017 年，他们在无人农场实验田上播种了春播作物大麦并于当年秋天完成收获，实现了大麦种植全程无人作业示范。3 位科学家认为：以农机无人作业为主要形式的自动化大田农业已无技术障碍，只要将各种技术统一起来形成一整套系统，就可以实现从播种到收获的整个耕种过程的无人化作业。研究小组相信：他们的研究将给农业带来一场革命，可以解放农民。从以上分析可知，国外农机企业、科研院所均重视无人化农机作业研究，但在大田种植领域，至今并未投入应用和推广。究其原因，以美国家庭农场为例，由于土地集中连片，普遍使用大型农业机械，劳动力尚不是主要制约因素。近 10 年来，随着基于 GNSS 的自动导航技术的普及应用，农机操作变得更为轻松，不急于发展无人驾驶技术。

（二）国内研究现状

20世纪90年代，我国开始研究农业车辆导航控制技术，研究方法大多借鉴美国、日本两国的先进经验。时至今日，中国农业大学、华南农业大学、南京农业大学、浙江大学、江苏大学、西北农林科技大学和国家农业信息化工程技术研究中心、中国农业机械化科学研究院、沈阳自动化所等高校和科研院所，都开展了农业装备自动导航技术的研发。

宋正河等研究了在拖拉机上搭建DGPS自动驾驶系统的硬件组成及关键技术，重点设计了自动驾驶控制的软件系统，利用Kalman滤波技术对GPS陀螺仪和磁罗盘等传感器信息进行融合。在原车机械传动结构基本不变、整车内部结构极少变动的情况下，通过加装传感器通信装置和由微机控制的电液自动操纵系统，实现车辆的自动驾驶。

罗锡文等在东方红X-804拖拉机上开发了基于RTK-DGPS的自动导航控制系统，将拖拉机运动学模型和转向操纵控制模型相结合，建立了拖拉机直线跟踪的导航控制传递函数模型，设计了基于PID算法的导航控制器。

周俊将电子、信息与自动化技术引入传统的农业车辆，进行轮式移动机器人视觉导航技术的研究。在研究视觉导航图像处理技术的同时，利用线性状态反馈控制方法建立导航控制系统，在车辆纵向速度较高时兼顾车辆的横向加速度，提出了把横向偏差、航向偏差及横向加速度作为输入量的三维横向模糊控制算法，以保证车辆横向运动的平稳性。

2016年，中国一拖集团发布了东方红LF954-C无人驾驶拖拉机并配装东方红1LF-430液压翻转犁，进行了实地作业演示。该机配备国III发动机、动力换向变速箱、电控悬挂系统及一系列信息和控制系统。

2019年，华南农业大学和潍柴雷沃联合推出了国内首个主从导航收获机系统，可以实现粮食收获过程自动化。这套系统主要由无人驾驶收获机和无人驾驶运粮车两部分组成，基于北斗卫星定位系统，通过无线自组网络连接无人驾驶收割机与无人驾驶卸粮车，实现主从协调。图4-26所示为联合收获机无人驾驶与协同作业。

为促进我国无人驾驶农机装备的发展，车载信息服务产业应用联盟（TIAA）近两年先后在江苏兴化市、黑龙江建三江农垦组织了农业全过程无人作业试验，重点进行了无人耕作、无人整地和无人插秧 3 个主要生产环节的演示。演示吸引了央视等多家重要媒体的关注，产生了较大社会反响。传统插秧机需要多人协同操作，1 人负责驾驶插秧机，2 人负责摆放秧盘。采用无人驾驶技术后，所需劳动力从 3 人减少至 1 人，每季可减少用工成本约 5000 元。图 4–27 所示为黑龙江建三江农垦的无人插秧演示。

图 4–26　联合收获机无人驾驶与协同作业

图 4–27　黑龙江建三江农垦的无人插秧演示

开展农机全程无人作业技术研究与集成的主要动因有 4 个。一是人口老龄化严重，劳动力严重短缺。预计到 2040 年，我国将有 4 亿人超过 60 岁，而且农村老龄人口将超过城镇老龄人口。二是用工成本日益提高。在我国，农机社会化服务发展迅速，但土地规模仍然较小且分散，农机合作社普遍购置中小型农机，需要雇佣数量众多的社会劳动力，然而劳动力短缺直接造成了劳动力成本的提高。三是现代农业对作业质量要求越来越高。为了减少土地浪费、提升土地利用率，现代农业对驾驶员的操作水平提出了越来越高的要求，迫切需要能够最大限度地提高农机的作业效率。劳动力数量、质量和成本的不确定性，促使人们探索生产要素替换，以维持正常的农业生产作业。不雇人、少雇人和实现劳动力自给等是我国采用自动导航、发展无人作业的主要动因。四是保障“三率”提升。通过应用农机无人作业，有效减少油料、种子、肥料等的投入成本，降低环境污染，提高农作物的产量与经济效益。

（三）北京市密云区河南寨镇应用案例

本案例通过集成应用新一代物联网、大数据、无人驾驶等现代农业信息技术，应用智能拖拉机、植保无人机、智能水肥一体化设备、智能收割机等农业智能装备为核心的智能农机具，践行产学研评推用的合作模式，开展机群全程无人作业试验示范，在京郊建设集成示范区。已实现农机自动路径规划、全程无人驾驶、作业自动控制和监测，极大地提高了农业生产效率和作业质量。

1. 东风 2204 无级变速无人驾驶拖拉机。东风 2204 无级变速无人驾驶拖拉机基于电控底盘及无级变速技术，结合北斗 /GNSS 定位技术，能够自动完成预先设定地块的耕整地、播种及中耕等作业任务，具备远程启停、远程协助、远程控制等能力，电控能力包括挡位控制、动力输出、液压输出及液压提升。该系统主要包括路径规划模块、定位模块、控制模块。路径规划模块负责规划作业路径及掉头轨迹，定位模块负责获取农机位置信息，控制模块负责跟踪规划路径及控制机具升降，最终控制精度能够到达 ±2.5 厘米。

东风 2204 无级变速无人驾驶拖拉机的主要参数如下所述。

电控转向：–540° ~ 540°，精度 1°。

电控制动及油门：0 ~ 100%，精度 1%。

挡位控制、PTO 控制、机具升降、液压输出。

行驶速度：0 ~ 35km/h。

控制周期：0.1s。

定位控制精度：±2.5 厘米。

变速箱：无级变速 CVT。

2. 大型喷灌机水肥一体系统。圆形喷灌机具有智能施肥系统，具有远程水泵控制、入机流量及压力监测、基于北斗定位的运行位置监测、手机 App 控制等功能。该系统具备本地及远程控制、运行状态监视等能力，可融合域内气象、视频等信息，实现精准水肥一体化灌溉。图 4-28 所示为大型喷灌机水肥一体系统作业现场。

图 4-28　大型喷灌机水肥一体系统作业现场

圆形喷灌机的主要参数如下所述。

整机长度：187 米（3 跨 + 悬臂）。

喷头：62 个（Nelson D3000），其中摇臂式喷头 1 个。

行走速度：2.06m/min，100% 运行一周耗时 8.4h。

入机流量：55m^3/h。

定位控制精度：±2.5 米。

施肥流量：300L/h（柱塞泵 IntelirriZFB300）。

施肥调节范围：10% ~ 100%，工作压力为 0 ~ 0.8MPa。

施肥桶容积：2000L。

通信方式：4G 移动通信（支持 5G）。

3.T30 型电动六旋翼枝向对靶植保无人机。大疆 T30 型电动六旋翼枝向对靶植保无人机飞行性能强大且作业效果出色，将无人机最大载重提升至 30L，大田植保作业效率达到新高度——每小时 240 亩；采用革命性“变形” 机身，实现枝向对靶施药，提高农药利用率 20% 以上，大田、果树植保喷洒效果出类拔萃，配合数字农业解决方案，实现绿色精准施药。图 4–29 所示为 T30 型电动六旋翼枝向对靶植保无人机。

图 4–29　T30 型电动六旋翼枝向对靶植保无人机

4. 无人驾驶小麦收获机。沃得无人驾驶小麦收获机（见图 4–30）采用纯电控方式，操作简便。控制系统采用双天线高精度定位，误差 ±2.5 厘米，可实现路径自动规划、多路径方式作业，完全模拟人工操作，作业效率高。可实现车辆点火、熄火控制，可实现车辆前进、倒退、停车控制，可实现车辆自动转弯控制、车辆路径规划行驶控制、车辆手自动驾驶一键切换控制、车辆远程云端控制，装有电控 HST 系统，可实现割台升降控制、卸粮桶自动控制、拨禾轮自动控制。

图 4–30　沃得无人驾驶小麦收获机

沃得无人驾驶小麦收获机的主要参数如下所述。

型号：沃得 4LZ-6.0EK(Q)。

动力：常柴 125 马力。

作业幅宽：2.2 米。

喂入量 :6kg/s。

粮仓容积 :1.7m^3。

5. 经验效果。本案例项目以智能农机为核心，以高标准农艺为保障，以精准化栽培为手段，践行产学研评推用合作模式，在北京市密云区建立农机无人作业试验示范基地。本项目实现种植远程智能管控模式，大幅提高生产管理决策能力，实现品质、产量和效益提升，具备显著的“全天候、全过程、可复制、可推广”的示范效果与广泛的推广价值。

（1）经济效益。一是提高了作业质量。农机手使用传统拖拉机进行田间作业时的精度约为 10 厘米，经过长时间劳作后，作业精度大大降低，从而降低了作业质量，不利于前后环节的配套作业。本项目的无人驾驶拖拉机基于 GPS/ 北斗双模的自动导航技术，作业精度约可控制在 ±2.5 厘米之内，可以有效地避免重播和漏播，提升作业质量。另外，根据自动导航过程中存储的路径数据，还可以使拖拉机在后续作业环节定位到固定的作业路径，有效保证农机各环节作业配合精度。由原来的作业质量靠机手的经验变为作业质量精准、一致、可控。二是降低机手劳动强度。农机在无人驾驶作业过程中，不再像以往一样需要机手在农机上进行实时操控，机手只需要在道路交通驾驶农机行驶至目标农田，然后便可以由农机根据规划路线自主作业，从传统意义上的农机作业一个机手负责一台车改变为一个机手可以负责多台车。这样使驾驶员从单调重复、高强度的劳动中解放出来，可延长作业时间，提高机车的使用效率。三是减少投入成本。由于无人驾驶行进中作业速度与发动机转速更为平稳，结合三维地形精准控制，匹配度更高，动力控制性能较优越，而且路径规划方案优化，减少了不必要的行驶路程。因此，相较人工驾驶，可降低油耗 7%，减少环境污染。另外，优越的路径规划可降低播种期间的重播率，提高直线度 60% 以上，可有效减少种、肥消耗，降低投入成本。四是提高配合效率。多机协同系统能够进行任务级别的规划，让农机编队作业，覆盖耕、种、管、收全环节，作业效率相较人为操控提高25%。多机协同能极大减少农机间的作业沟通成本，实现提前规划，作业无缝衔接。例如，收获小麦的过程中，转运车能实现接满即走、空车自动接上，工作期间收获机停车时间大大减少。

（2）社会效益。智能化农机上传大量的传感器数据能更加准确反映作业效率、计算作业面积等情况。汇总所有农机提供的农业作业大数据，为我国农业作业分布、播种收获情况、农机转移等农业宏观数据分析提供坚实基础。

（3）生态效益。如前所述，无人驾驶相较人工驾驶行进中的作业速度与发动机转速更为平稳，结合三维地形精准控制，匹配度更高，动力控制性能较优越，而且路径规划方案优化，减少了不必要的行驶路程，可降低油耗，减少环境污染。另外，优越的路径规划可降低播种期间的重播率和漏播率，可有效减少种、肥消耗，减少环境污染。

第五章

北京市设施农业智能装备技术应用实践

第一节

设施农业智能水肥装备技术

一、技术介绍

水肥管理是设施农业种植中的重要环节，灌溉施肥贯穿了整个种植过程，是耗费人工最多的环节之一，直接影响着蔬菜各阶段生长，也是影响作物产量和品质的重要因素。随着传感器、计算机等现代化技术与灌溉施肥管理的融合，以及设施蔬菜水肥管理农艺要求越来越精细，设施农业智能水肥装备技术应运而生。在硬件配套方面，按照水流方向，主要包括过滤装置、储水装置、灌溉水泵、变频控制柜、配肥装置、施肥机、阀控器及各级管道、温室内的滴灌带或微喷带。在实际建设中，也会根据园区需求进行配置选择。过滤装置常用两级过滤形式，初级过滤器常采用砂石过滤器，二级过滤采用叠片过滤器。过滤可去除砂石及其他杂质，防止管道和滴灌管等堵塞，延长使用寿命，保障使用效果。在园区水质较好的情况下，可以不配置过滤装置。储水装置常见的有储水池、大型储水桶，可以实现稳定供水。通过变频控制柜可以控制灌溉水泵设置合适的灌溉水压和出水量。配肥装置主要包括肥料桶、搅拌电机、搅拌轮，可以实现肥料搅拌配置。施肥机是智能水肥一体化技术的核心和枢纽，是操控的窗口，控制着系统的运行。阀控器通常安装在温室或大棚的进水端，是控制灌溉施肥的管道开关。其他硬件还包括流量计、pH 传感器、EC 传感器、土壤墒情传感器等。在软件控制方面，包括现场主机软件控制和手机 App 远程控制，可以设置灌溉施肥时间、灌溉施肥量、水肥比例等参数，也可以查询灌溉施肥进度、土壤墒情变化，通过后台的数据库还可以查询下载整个生产季的灌溉施肥数据。

二、发展现状

据北京市设施农业“十四五”规划，设施农业机械化率要由 2020 年的

36.14%提高到55%，由“十三五”时期增长3.81个百分点到“十四五”时期计划增长18.86个百分点，任务十分艰巨。在设施农业各环节机械化率方面，耕整地机械化率超过96%，基本全部实现机械化；种植和采运机械化率均不足2%，主要是无机可用，原因有种植模式限制和机械化难以实现等；灌溉施肥机械化率和环境控制机械化率分别为46%和39%，相关装备供应较多，其中不乏表现优异的装备，但由于质量参差不齐、价格较高、补贴政策扶持不足等原因，导致部分用户不熟悉、不认可，具有较大的推广空间。“十三五”期间，围绕京郊设施农业灌溉施肥机械化，北京市农机鉴定推广站、北京市农业技术推广站、北京农业信息工程技术中心等推广和科研单位围绕草莓、番茄等重点发展作物开展了大量试验示范工作，建立了一批设施灌溉施肥智能化示范园区，北京派得伟业、天津绿视野、北京金福腾等一批企业水肥一体化设备在京郊应用较多。

北京市设施农业主要包括日光温室、春秋大棚和连栋温室3种形式。其中，春秋大棚的播种面积占总面积的50%，占比较大。春秋大棚在设备投入方面相对日光温室较小，产量、产值也低于日光温室，机械化具有较大提升空间。实践证明，灌溉施肥装备技术有助于设施农业向高效、节水、增产提质方向发展，可推动设施农业转型升级。灌溉施肥装备技术在连栋温室内应用已比较普遍，但具有自动化控制功能的灌溉施肥装备技术在日光温室中应用面积不足10%，在春秋大棚中应用更少。近几年，北京市各级农业推广部门建设了一批日光温室智能水肥一体化系统，围绕草莓、番茄等作物开展了大量试验示范，验证了智能水肥一体化系统在劳动生产率、资源利用率和土地产出率提升方面的巨大优势，取得了良好的示范效果。

大量研究表明，精准的水肥管理可以提高作物品质、提高作物产量。日光温室蔬菜的水肥管理农艺要求越来越精细，目前，水肥管理普遍依靠传统文丘里吸肥器及手动操作，难以实现水肥管理的自动化控制和数据积累，配套智能水肥一体化管理系统的比例较小。以北京市为例，北京市设施农业园区从业者老龄化严重，50岁以上者占比78.3%，灌溉施肥量主要靠经验确定，占比95%以上，水肥管理粗放。目前，亟须推动智能水肥一体化管理系统的普及，提高日光温室农机智能装备水平，降低劳动强度，提质增效，实现精准农业。

据统计，目前的北京市设施农业园区中配套使用水溶肥的园区比例达到100%。但是，应用智能化、自动化水平较高的灌溉施肥设备的种植面积不足10%，仍主要采用不带动力或仅配吸肥泵的各类简易文丘里吸肥器，超过95%的园区依靠个人经验施肥。

在日光温室方面，国内针对温室智能水肥一体化技术装备的研发和应用越来越广泛。目前，国内外在智能设施水肥管理技术领域的研究和应用已经比较广泛和深入，市场上也涌现出较多相关设备，为设施园区提供了更多的选择。

赵倩等人开发了单体日光温室水肥一体化控制系统，具有自动和半自动灌溉模式。在自动灌溉模式下，可基于土壤湿度和环境因子启动灌溉施肥设备并设定灌溉量和肥液浓度，实现了智能化灌溉作业。李友丽等人开发了有机栽培水肥一体化系统，集成了有机肥液制备、肥料配比和自动灌溉功能，通过发酵系统、控制系统和灌溉系统3个子系统实现了有机栽培的营养液制备和管理一体化。岳焕芳等人对北京派得伟业研发的基于土壤水分及回液电导率的灌溉施肥系统和北京市紫藤连线科技有限公司研发的基于光辐射的灌溉施肥系统进行了番茄温室种植试验，结果表明两套系统管理下的番茄长势和产量均优于传统管理方式，智能化灌溉施肥管理具有较好的应用前景。李莉、袁洪波等人采用中国农业大学研发的CAUA-12型水肥一体化灌溉系统，开展了番茄、草莓等作物的试验，采用灌溉水循环、智能化灌溉策略等手段，水分利用效率显著提升。江新兰等人设计的水肥一体化云灌溉系统，引进两线解码技术和云计算技术，实现了不同区域环境信息的实施采集，科学计算作物水肥需求并设计灌溉施肥制度，实现了水肥的智能控制。此外，还有众多机构和企业开发了多种形式的智能温室灌溉施肥系统并开展了针对不同蔬菜的试验和应用，广大科研机构和企业的参与，促进了智能水肥一体化系统的研发，为农业种植园区提供了更多的选择，也为该技术的普及奠定了基础。以上智能灌溉施肥系统的设计和相关试验，均证明了智能灌溉施肥系统优于传统管理方式。但是，由于诸多原因导致大型智能灌溉施肥设备推广应用困难。京郊设施园区工人老龄化问题严重，年龄超过 50 岁的占比 78.3%，并且文化水平低，以初中及以下学历为主，无法满足智能灌溉施肥设备操控要求；大型智能灌溉施肥设备前期投入成本较高，经济效益回报较慢，园区负责人不愿意投入；大部分设施园区蔬菜种植品种繁多，不同温室灌溉施肥需求不同，而且普遍采用每个工人全权负责 1 栋或 2 栋温室的模式，园区未设置统一水肥管理人员。

目前，春秋大棚灌溉施肥自动化水平较低，普遍采用人工劳作，灌溉施肥主要配套简易文丘里吸肥器，需要人工现场搅拌、频繁查看，费时费力，效果较差，工作效率低，水肥浪费严重。相比大型灌溉施肥设备，基于春秋大棚的轻简式灌溉施肥系统，不需要大规模铺设管道和配套过滤器、配肥桶等装置，设备和施工成本低，前期经济投入小，对小农户作业生产也较适用，设施园区认可度较高，对于提高春秋大棚的机械化、自动化水平具有重要参考意义。

三、北京市设施农业智能水肥一体化技术应用

（一）基于规模化设施园区的智能水肥一体化系统

1. 概况。针对设施农业园区在规模化单一品种种植中对灌溉施肥自动化的需求，在北京市昌平区万德草莓园设计了大型智能水肥一体化系统，该系统包括水源供给机构、执行及监测机构、配肥及控制机构、温室内调节控制机构及控制软件。

该系统中的水肥控制主机型号为 AX150，覆盖 23 栋日光温室，单栋温室长 65 米、宽 8 米。种植品种均为草莓，东西向种植，土壤栽培。

2. 系统设计。

（1）总体结构。该系统的总体架构如图 5–1 所示。该智能水肥一体化管理系统按照分布地点和水流方向，分为水源供给机构、执行及监测机构、配肥及控制机构、温室内调节控制机构 4 个部分。

①水源供给机构。水源供给机构设置在水井泵房内，距离 1 号温室 1000 米，包括水井、水源水泵和过滤装置。水源水泵功率为 10kW，可提供最大供水流量为 $30m^3/h$。过滤装置采用温室灌溉常用的两级过滤形式，初级过滤器采用砂石过滤器，二级过滤采用 120 目双芯叠片过滤器，具有反冲洗功能。过滤可去除砂石及其他杂质，防止管道和滴灌管等堵塞，延长使用寿命，保障使用效果。

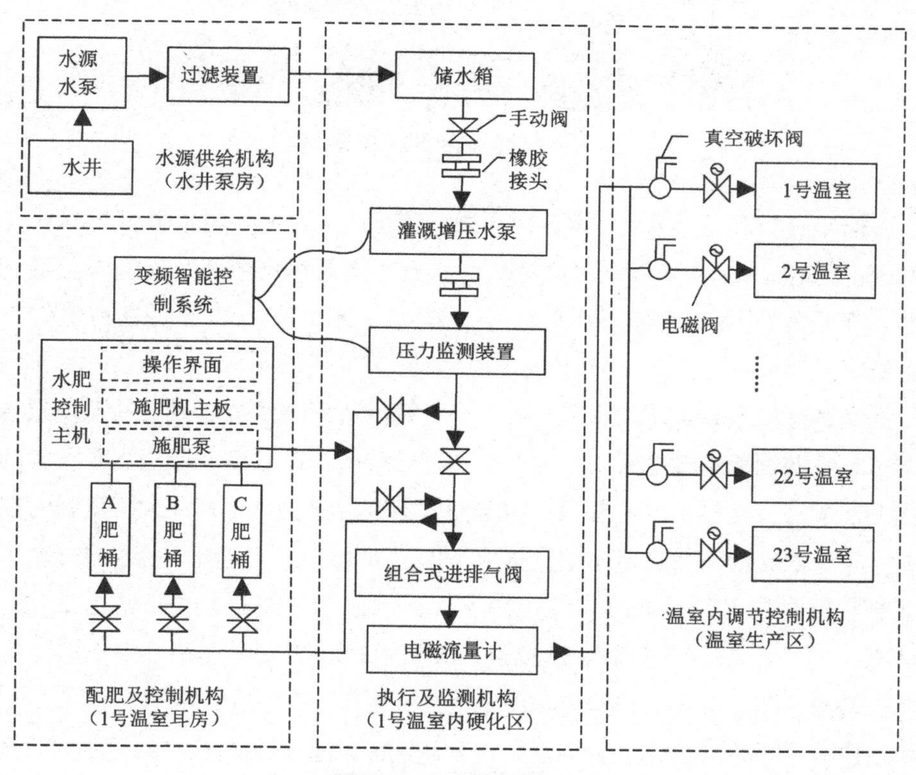

图 5–1　系统架构

②执行及监测机构。执行及监测机构设置在 1 号温室硬化区内，紧靠耳房，包括储水箱、手动阀、法兰单球橡胶接头、灌溉增压水泵、灌溉水压监测装置、组合式进排气阀装置、电磁流量计、止回阀等。图 5–2 所示为执行及监测机构现场。

图 5-2　执行及监测机构现场

储水箱容积为 $10m^3$，半径 1.05 米，高度 2.9 米，外层覆盖保温材料，20min 可充满水。冬季灌溉水温度过低会迅速降低作物根部及温室内温度，储水箱设置在温室内部可以防止冬季结冰，提供较高的水温有利于作物生长。

灌溉增压水泵额定功率为 7.5kW，可提供最大灌溉水流量 $25m^3/h$。灌溉增压水泵两侧管道各设置一个法兰单球橡胶接头，防止灌溉增压水泵长时间震动造成管口接触不严密漏水。由于园区不同温室种植草莓品种、生长时期差异及每次轮灌温室数量不同，需要不同的灌溉流量，灌溉增压水泵配套了变频智能控制系统，通过系统可调节增压水泵功率在 0 ~ 7.5kW 内工作，从而可在 0 ~ $25m^3/h$ 调节灌溉流量，并可通过灌溉水压监测装置实时监测实际灌溉水压，辅助系统设置调整。

组合式进排气阀是一种灌溉系统常用装置。由于水泵开启和关闭的瞬间会产生较大的水锤效应，会对管道、阀门等装置造成损害，通过设置组合式进排气阀，可有效保障各部件连接处的严密性和使用寿命。

电磁流量计用于计算灌溉流量，为水肥比、灌溉策略等参数的计算提供保障，精密等级为 0.5 级。

③配肥及控制机构。配肥及控制机构设置在温室耳房内，包括变频智能控制系统、水肥控制主机及 3 个肥料桶等。图 5-3 所示为主机及配肥装置。

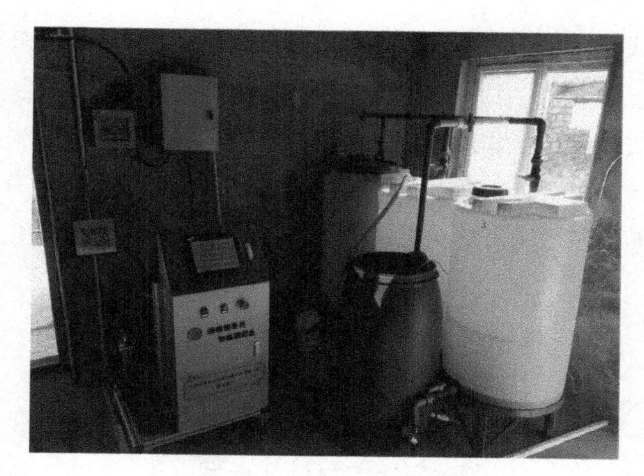

图 5–3 主机及配肥装置

变频智能控制系统与灌溉增压水泵、灌溉水压监测装置及水肥控制主机通过数据线、电源线连接，实现实时控制。变频智能控制系统具有联动和连续两种模式，联动模式下，控制水泵与灌溉控制器信号联动，灌溉电磁阀打卡水泵就会启动；连续模式下，开机后连续自动运行，需要把开关打到停止后才会停止。

水肥控制主机是智能水肥管理系统的核心装置，额定功率 2kW。内部有施肥泵、施肥机控制主板、压力表等，配置有操作界面。施肥泵每个通道额定流量为 250L/h。操作界面采用 9.7 英寸触摸屏，通过操作界面可以进行灌溉施肥控制。主机配有急停按钮及工作、异常指示灯。该主机最多可控制的阀门数量为 128 个。

肥料桶通过管道与灌溉主管道相连，进水靠手动阀控制，每个肥料桶配置了独立的控制阀，出肥口配置小型叠片过滤器。

④温室内调节控制机构。该系统覆盖了 23 栋日光温室，温室呈南北排列，北侧第一栋温室为 1 号，最南侧为 23 号。温室内的装置主要包括温室支管道上的真空破坏阀和电磁阀。真空破坏阀可以防止长时间的水锤效应对管道造成破坏或造成电磁阀关闭不紧密等问题。电磁阀通过信号线与水肥控制主机相连，控制灌溉的开启和关闭。

（2）软件设计。

①系统通信模式。水肥控制主机与管理服务器通过 4G 网络通信，主机

内存储的数据实时上传管理服务器的数据库并保持一致。水肥管理人员可通过手机终端或电脑客户端登录软件平台，对生产现场的水肥控制主机参数进行远程设置或操作，也可通过水肥控制主机现场操作。水肥控制主机与现场的电磁流量计、各温室内电磁阀、变频智能控制系统、灌溉增压水泵均为有线通信。图 5–4 所示为系统网络工作示意。

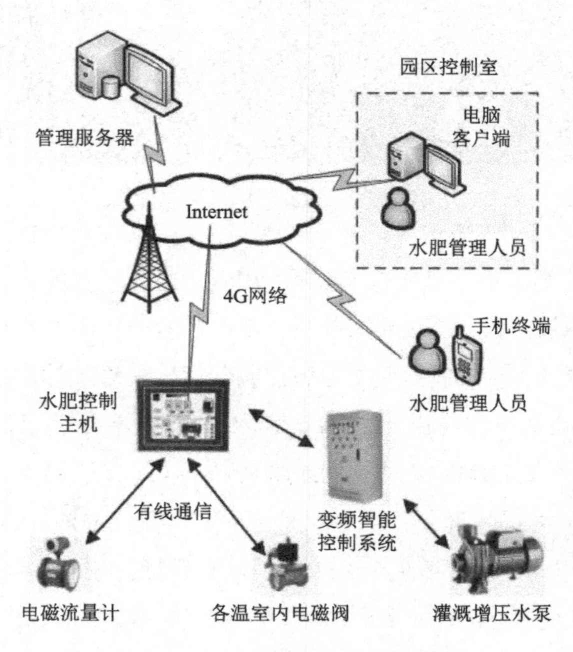

图 5–4　系统网络工作示意

②操作功能及界面。管理系统软件包括主页显示模块、手动控制模块、记录查询模块、参数设置模块、设备管理设置模块。主页显示模块可以实时显示各灌溉区和各电磁阀的工作状态，以及灌溉时间、灌溉总量、灌溉流量、肥水比例、灌溉进度等详细信息。手动控制模块可以对各灌溉区、灌溉增压水泵、灌溉启停条件进行具体设置。记录查询模块可以进行历史灌溉数据和报警信息的查询。参数设置模块可以对灌溉程序中的灌溉时间段、灌溉启停条件进行设置。设备管理设置模块功能包括灌溉区管理、地理参数管理、存储管理、网络管理等。图 5–5 所示为操作界面显示主页。

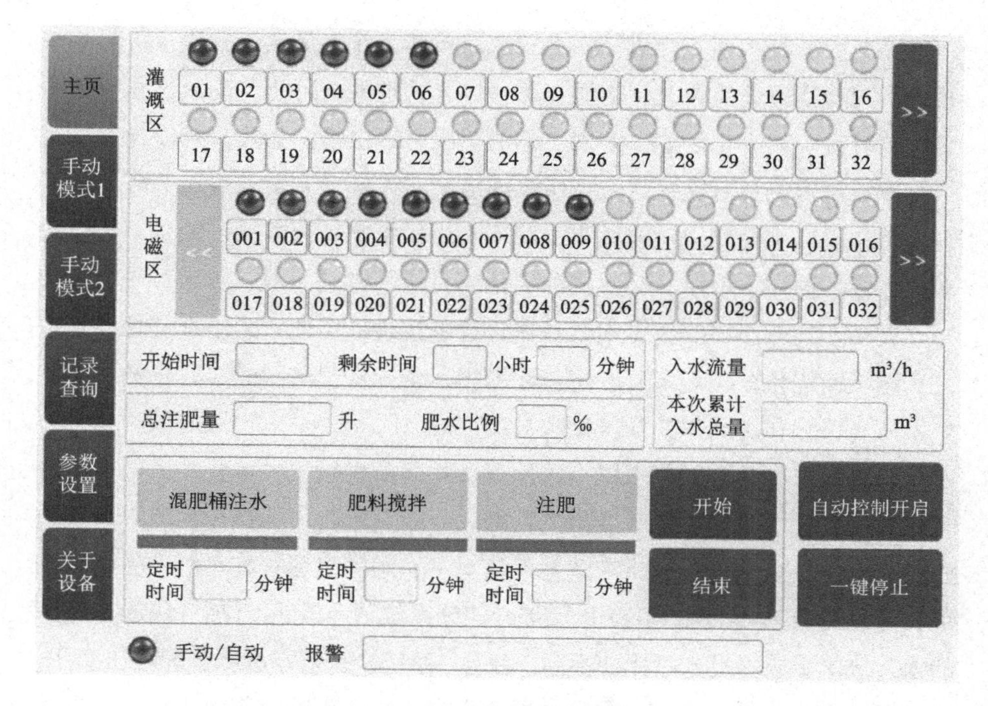

图 5–5　操作界面显示主页

3. 系统应用成效。针对设施园区草莓规模化种植对水肥管理方式和水平提升的需求，建设了智能水肥一体化系统并在北京市昌平区万德草莓园 23 栋日光温室草莓灌溉施肥环节开展试验。应用结果表明，与传统日光温室使用的文丘里吸肥器相比,智能水肥一体化管理系统可改变灌溉施肥管理方式，主要有以下 5 个特点。

提高劳动生产率。在园区灌溉施肥环节，劳动生产率提高 12 倍，劳动生产率和劳动舒适度均显著提升。根据操作人员反馈，应用智能水肥一体化系统后，系统轮灌模式设计合理，灌溉操作自动化水平高、操作方便，定时灌溉施肥功能实用性强，不再需要频繁搅拌肥料、查看肥料溶解情况，减少了费时费力的劳动。新设备操作干净整洁，劳动强度降低，相对传统脏乱差的操作环境，年轻人认可度较高。综合园区反馈及应用表现，该设备适用性较好。

提高资源利用率。传统管理方式依靠具体操作人员实施，受人员影响较大，不同温室管理差异大。智能水肥一体化管理系统可将劳动人员积累的丰富经验转化为数字化设置，实现水肥的精准定量供给，为实现智能化灌溉施肥管理策略提供技术支撑。朱宝侠、魏启舜等人针对草莓、番茄等作物的试验表明，通过水肥耦合对比试验，可不断优化水肥管理方式，减少不必要的水肥施用，提高水资源、肥料的利用效率，最终实现节水、节肥。

提高土地产出率。智能水肥一体化管理系统可实现水肥精准调控和管理方式的不断优化，实现水肥按需精准施用，减少水肥施用时多时少的情况发生，从而保障和提高作物的产量和品质。

提高经济效益。智能水肥一体化管理系统前期投入成本较大，但在经营较好的规模化农业园区中效益前景良好。以本试验园区为例，在计算灌溉施肥系统成本、人工成本和增产效益的情况下，园区应用智能水肥一体化系统后，每年可提高经济效益 1106 元 / 亩。该系统成本相对起垄、移栽等环节的人工成本，成本投入占比并不高。而且，系统应用后，水肥管理人工费用、水溶肥费用会降低，作物产量和品质会提高，从而带动销售收入提升。整体而言，园区经济效益会有所提升并有助于园区向高端品牌发展。

提高生态效益。北京市设施农业灌溉主要采用地下水，目前暂不收取费用，灌溉精准调控有助于减少地下水采用量，也会降低温室湿度，从而减少部分病虫害发生及农药施用量。此外，智能水肥一体化管理系统是实现基质栽培、工厂化生产等高端农业生产形式的必要设备，未来将会实现废液回收处理、灌溉水循环利用，从而杜绝肥料及农药污染土壤和地下水资源。

目前，智能水肥一体化管理系统发展仍存在部分问题，导致应用比例不高，比如设备成本高、设备水平参差不齐、适用性有待提升等问题，但随着劳动力短缺严重、农机补贴政策的完善、技术设备水平的逐步提升，智能水肥一体化系统应用普及将逐步加快。

（二）基于小规模日光温室园区智能水肥一体化系统

1. 系统简介。小规模日光温室园区智能水肥一体化系统覆盖 5 栋日光温室，建设特点主要有 3 个。一是针对园区作物品种较多现状，采用星状灌溉施肥管线，满足不同温室灌溉施肥需求；二是设置储水桶，放置在温室内，水源流向为水井水泵→储水桶→水肥系统→温室作物，根据京郊越冬蔬菜灌溉需求，此方案可以显著提高冬季灌溉水温度；三是系统信息化水平较高，具有手机 App 控制、流量远程监测、数据查询等功能。图 5–6 所示为日光温室智能水肥一体化系统。

图 5–6　日光温室智能水肥一体化系统

设备功能主要包括管理 5 栋日光温室灌溉施肥；可现场控制或 App 远程控制，操作简便；采用星状灌溉施肥管线，满足不同温室灌溉施肥需求；设置储水桶，放置在温室内，提升冬季灌溉水温；配肥省力干净，肥料自动搅拌；配置通信模块，可实现数据传输、远程控制。

设备参数主要有：储水桶 5m^3；肥料桶 1000L × 3 个；主泵额定流量 4m^3/h，主泵功率 1.5kW；恒压变频泵流量 2.3m^3/h，恒压变频泵功率 0.4kW；摆线针轮减速机功率 0.75kW。

2. 系统建设具体内容。

（1）总体结构。图 5–7 所示为系统架构。前期，项目实施人员组织专家现场商讨，制订了日光温室智能水肥一体化系统建设方案。日光温室智能水肥一体化系统在硬件上包括储水装置、配肥装置、施肥机控制、温室管路阀控器控制等部分。

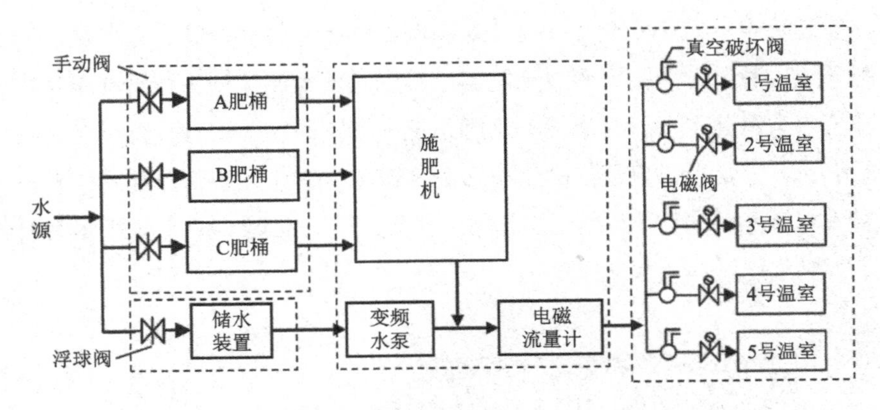

图 5–7　系统架构

（2）储水装置。园区有 5 栋日光温室，储水装置设置在中间的 3 号温室硬化区内，紧靠耳房。设置储水桶，储水桶容积为 $5m^3$，放置在温室内，水源流向为水井水泵→储水桶→水肥系统→温室作物。根据京郊越冬蔬菜灌溉需求，此方案可以显著提高冬季灌溉水温度。冬季灌溉水温度过低会迅速降低作物根部及温室内温度，储水桶设置在温室内部可以防止冬季结冰，提供较高的水温有利于作物生长。储水桶进水端安装浮球阀，设置进水水位、正常储水水位。当水位低于进水水位时，浮球阀开启，自动为储水桶注水。当水位达到正常储水水位时，浮球阀关闭，停止注水。节省了人工，提升了系统的自动化水平。图 5–8 所示为储水装置。

图 5–8　储水装置

（3）配肥装置。配肥装置包括 3 个肥料桶，每个肥料桶安装有搅拌电机及搅拌轮等。每个肥料桶容积为 1000L，搅拌电机功率为 0.75kW。肥料桶通过管道与灌溉主管道相连，进水靠手动阀控制，每个肥料桶配置了独立的控制阀，出肥口配置小型叠片过滤器。图 5-9 所示为配肥装置。

图 5-9　配肥装置

（4）施肥机控制部分。施肥机控制部分主要包括施肥机，以及变频水泵、电磁流量计。

施肥机内肥泵额定流量为 $4m^3/h$，功率为 1.5kW，单通道吸肥量为 600L/h。

施肥机主机与管理服务器通过 4G 网络通信，主机内存储的数据实时上传管理服务器的数据库并保持一致。水肥管理人员可通过手机 App 登录，对生产现场的水肥控制主机参数进行远程设置或操作，也可通过水肥控制主机现场操作。水肥控制主机与现场的电磁流量计、各温室内电磁阀阀控器均为有线通信。图 5-10、图 5-11 所示为施肥机主机。

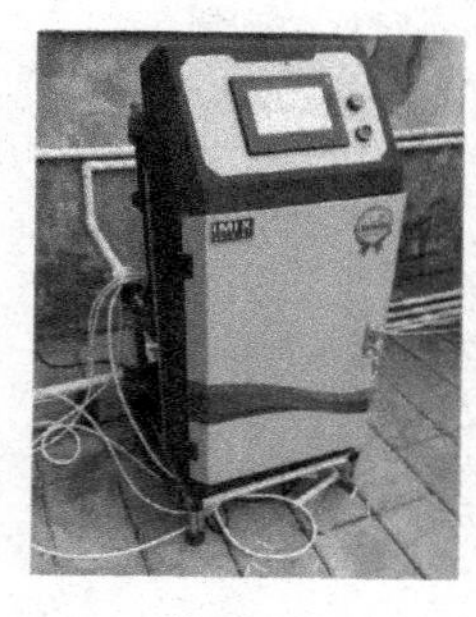

图 5-10　施肥机主机（一）

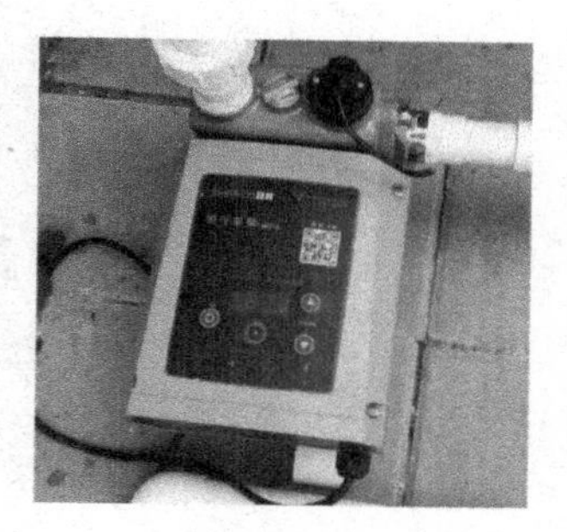

图 5-11　施肥机主机（二）

施肥机控制界面包括主页显示模块、手动控制模块、记录查询模块、参数设置模块和设备管理设置模块。主页显示模块可以实时显示各灌溉区和各电磁阀的工作状态，以及灌溉时间、灌溉总量、灌溉流量、肥水比例和灌溉进度等详细信息。手动控制模块可以对各灌溉区、灌溉增压水泵、灌溉启停条件进行具体设置。记录查询模块可以进行历史灌溉数据和报警信息进行的查询。参数设置模块可以对灌溉程序中的灌溉时间段、灌溉启停条件进行设置。设备管理设置模块功能包括灌溉区管理、地理参数管理、存储管理、网络管理等。

变频水泵可提供的灌溉流量为 2.3m^3/h，转速为 1000 ~ 3000r/min，功率为 0.4kW。

电磁流量计用于计算灌溉流量，为水肥比、灌溉策略等参数的计算提供保障，精密等级为 0.5 级，监测范围 0.8 ~ 8.0m^3/h。

（5）温室管路控制部分。温室管路控制通过阀控器和电磁阀实现。本系统覆盖了 5 栋日光温室，针对园区作物品种较多现状，采用星状灌溉施肥管线，满足不同温室灌溉施肥需求。主管道在 3 号温室内，分为 5 路支管道铺设到每一个温室，每一路温室支管路均单独安装有阀控器，阀控器布设在 3 号温室。温室内的装置主要包括温室支管道上的真空破坏阀和电磁阀。真空破坏阀可以防止长时间的水锤效应对管道造成破坏或造成电磁阀关闭不紧密等问题。阀控器通过信号线与水肥控制主机相连，控制灌溉的开启和关闭。图 5-12 所示为温室管路控制部分。

图 5-12　温室管路控制部分

（三）基于单栋日光温室的小型智能水肥一体化系统

1. 方案简介。针对单栋温室对灌溉施肥的需求，设计了小型智能水肥一体化系统。系统硬件包括施肥机主机、配肥桶、灌溉电磁阀及温室内支管道、滴灌带，施肥机主机配套了操控软件。该系统功能包括旋钮定时灌溉、分区灌溉、灌溉时间段设置、灌溉泵控制、施肥泵控制和数据查询等，可以满足单栋温室对灌溉施肥的智能化需求。本系统应用后，除降低劳动强度、减少肥料浪费、实现精准调控外，可为园区灌溉施肥环节降低成本 12%，为京郊小型智能水肥一体化技术推广提供了参考。北京市农业机械试验鉴定推广站针对京郊单栋温室对灌溉施肥的智能化需求，设计了基于 ACC5 型号施肥机的小型智能水肥一体化系统，具有操控高效简便、前期经济投入小等特点，可以与大型智能灌溉施肥系统优势互补，有助于推动京郊灌溉施肥整体机械化水平。

2. 系统设计。本系统包括施肥机主机、配肥桶、灌溉电磁阀及温室内支管道、滴灌带。施肥机主机型号为 ACC5，天津绿视野生产，该系统设计最多可控制 4 路电磁阀，即可控制 4 个区域分别灌溉。图 5-13 所示为施肥机架构示意。

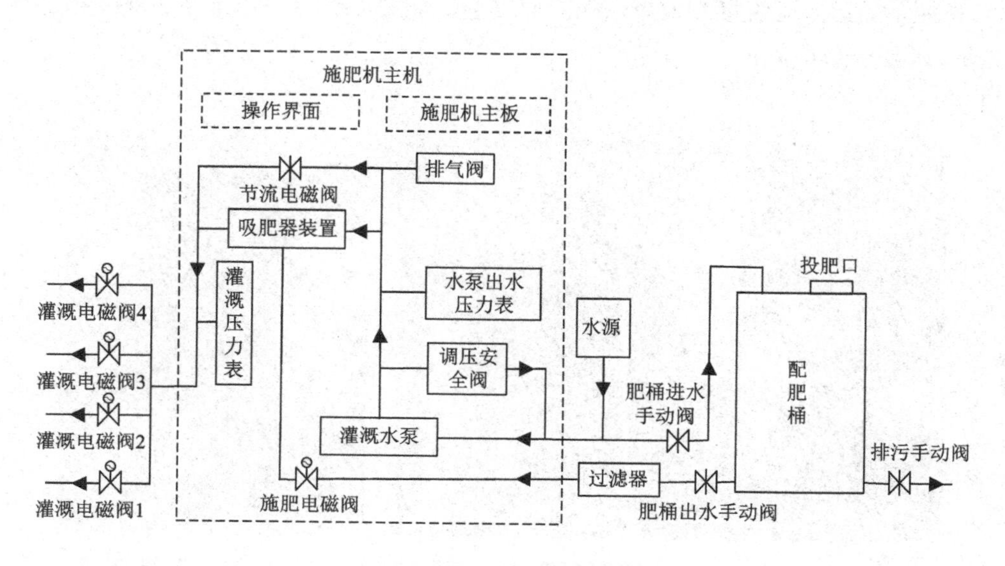

图 5-13　施肥机架构示意

（1）水源供给。水源供给方面，园区内设有水井，水井通过水泵为园区提供灌溉用水。

（2）施肥机主机。施肥机主机相对大型水肥一体化系统体积较小，规格尺寸仅为 58 厘米 ×23 厘米 ×95 厘米，可放置于温室内部。施肥机内部主要包括灌溉水泵、调压安全阀、水泵出水压力表、吸肥器装置、排气阀、灌溉压力表、施肥电磁阀、施肥机主板、操作屏等。施肥机灌溉水泵额定功率为 1.1kW，可为灌溉增压 $4m^3/h$，在进水流量 0 ~ $2m^3/h$ 的情况下，可提供最大灌溉水流量 4 ~ $6m^3/h$。调压安全阀用于调节水泵输出的水压，节流阀用于调节吸肥量和出口水压，最大吸肥比例为 10%，在灌溉水流量 $6m^3/h$ 的情况下，单通道施肥流量最大为 600L/h，即 $0.6m^3/h$。图 5–14 所示为施肥机全景。

（3）配肥桶。配肥桶容积为 300L，通过肥料桶进水手动阀控制进水，进水口位于肥料桶顶部，出水口位于肥料桶侧底部，出水口配置小型叠片过滤器。水溶性肥料经过投肥口倒入，在注水时，水流冲击可以促进水溶性肥料快速溶解，配肥桶底部设置有排污口，可以定期将肥料桶内的杂质排出去。配肥桶侧部设置有液位指示管，用于查看水位情况。在施肥量最大的情况下，按照单通道施肥流量最大为 600L/h 的条件，配肥桶最多可以工作 30min。图 5–15 所示为配肥桶。

图 5–14　施肥机全景

图 5–15　配肥桶

（4）操作界面及功能。操作界面采用9.7英寸的触摸屏，主页用来显示阀门、运行状态、控制指令等状态信息。手动控制功能用来进行手动控制阀门、水泵、施肥。参数设置具备设置定时时间功能，可实现自动或手动切换。该设备操作简单，旋钮操作可分别设置10min、20min、30min、40min、50min和60min的灌溉时间段。屏幕操作可实现分区灌溉、灌溉时间段设置、灌溉水肥开关设置和数据查询等功能。图5–16所示为主机操作界面。

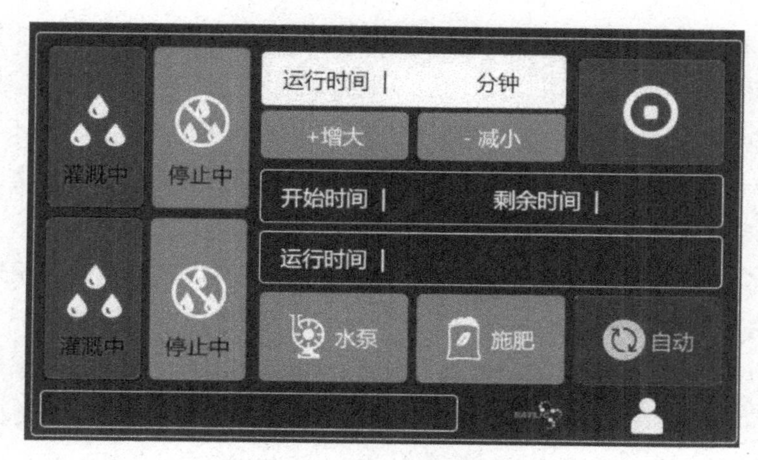

图5–16　主机操作界面

3. 系统操作方法及注意事项。首次使用前，需设置调整灌溉水压和水肥比例。在开启灌溉后，旋转调压安全阀用于调节水泵输出水压，旋转节流阀用于调节吸肥量和出口灌溉水压，灌溉水压由低向高调整，直到温室最远处滴灌带出水压力满足要求并稳定后停止调整，最大水肥比例为1 ∶ 10。根据水肥比例，确定肥桶水位高度，从而调整每次施肥时长。首次设置后，在种植作物不变、灌溉面积不变的情况下，无须再次设置灌溉水压和水肥比例。

配置肥液。将水溶性肥料从肥料桶顶部倒入，手动旋转进水阀门，水流可促使水溶性肥料溶解，水量达到需求刻度后，关闭进水阀门。

启动灌溉施肥。首先设定灌溉时长，可通过旋钮或主机操作界面按键进行设置。启动灌溉水泵并运行稳定后，根据施肥要求，择机启动施肥电磁阀，仅灌溉情况下无须开启施肥电磁阀。

停止灌溉施肥。在启动灌溉施肥后，要及时巡视温室内滴灌带出水情况。遇到紧急情况时，可按设备紧急停止按钮。在达到设定灌溉时间后，设备会自动停止灌溉，也可以根据需要提前手动停止灌溉。

各手动阀需要渐开渐关，以防止水锤对输水系统的破坏。调压安全阀、节流电磁阀分别对灌溉水压和肥水比例调整设定好后，需要定期查看是否存在异常。

4. 经济效益分析。基于单栋日光温室的小型智能水肥一体化系统于2020年8月—2021年6月在北京市平谷区博云益达设施农业园区22号温室中进行草莓种植生产应用。与该园区其他温室采用的简易文丘里吸肥器相比，除了具备降低劳动强度、减少肥料浪费、实现水肥精准调控、工作环境干净等优势外，还提高了灌溉施肥环节的劳动生产效率，降低了劳动成本，提高了经济效益。

在温室小型智能水肥一体化系统应用后，按照该园区草莓种植期内灌溉39次（其中灌溉施肥21次）的情况计算，每栋温室灌溉施肥环节每年节省劳动成本425元，在配套农机购置补贴的情况下，扣除每年增加的设备投入成本325元后，仍可节省成本100元，即灌溉施肥环节降低成本12%。未来，通过积累灌溉施肥大数据，优化灌溉施肥策略，可进一步提高经济效益。

5. 系统优势。

（1）前期投入成本低，经济效益有提升。与大型水肥一体化系统相比，不需要配套建设储水池、设施管理水肥管理室等设施，不用在温室间铺设管道，前期经济投入较小；与简易文丘里吸肥器相比，可以为园区节省灌溉施肥环节人工成本，经济效益有所提升。

（2）系统操作简便，功能完善。小型智能水肥一体化系统由于配套控制主机，同样具有较高自动化水平，改变了传统水肥管理劳作方式，不再需要频繁搅拌、查看，操作简单易学，适用老龄工人。可以大幅提高劳动生产率、显著降低劳动强度，操作环境干净整洁，园区综合认可度较高。

（3）实现灌溉施肥精准管理，具有生态效益。北京市设施农业肥料使用超标率超过 72%，过量施肥会造成表层土壤养分累积、土壤酸化，引起土壤质量退化。小型智能水肥一体化系统可按照设定实现精准灌溉施肥，减少了过量灌溉、肥料遗撒，具有一定生态效益，并且管理过程数据积累，有助于下一步优化灌溉施肥策略。

（四）基于春秋大棚的智能水肥一体化系统

1. 方案简介。针对春秋大棚中蔬菜灌溉施肥机械化短板，我们提出一种适用春秋大棚的智能水肥一体化系统建设方案，系统具有施肥机、配肥装置、阀控装置等机构，可通过轮灌方式管理 4 栋春秋大棚的灌溉施肥，具有现场主机控制、远程手机 App 两种控制方式，可显著降低一线操作人员劳动强度，提升劳动效率，节约水肥资源，改善工作环境，系统建设应用成本每年约为 625 元 / 栋，成本投入占比较小。本系统建设可为提升北京市春秋大棚灌溉施肥机械化水平提供参考。

2. 系统方案具体内容。基于春秋大棚的轻简式灌溉施肥系统主要包括施肥机、配肥装置、阀控装置等机构。系统可以通过轮灌方式单独管理 4 栋春秋大棚灌溉施肥，春秋大棚为东西向，南北排列，施肥机及配肥装置均安装在 2 号与 3 号大棚中间。图 5–17 所示为春秋大棚轻简式灌溉施肥系统硬件架构，图 5–18 所示为系统外观。

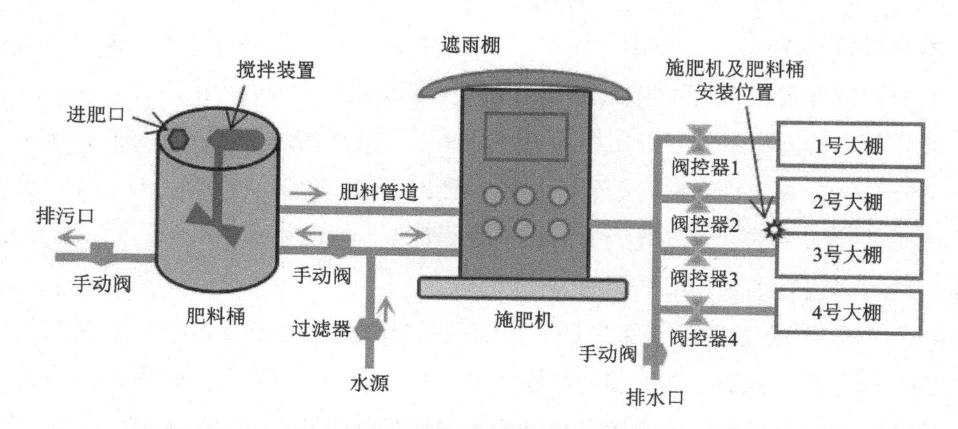

图 5–17　春秋大棚轻简式灌溉施肥系统硬件架构

图 5–18　系统外观

（1）施肥机。施肥机是控制灌溉施肥的核心部分。与温室相比，大棚灌溉施肥系统需要放置于室外，设计上需要考虑防水、防晒。本系统中的施肥机和肥料桶底部均建设有水泥台，防止施肥机金属外壳锈蚀及短路等问题，保持施肥机及肥料桶处于水平，施肥机外部有钢化塑料棚，实现防水、防晒，延长设备使用寿命。春秋大棚在冬季不生产，施肥机放置在户外，在冬季前要通过排水口排空管道内的残留水肥，防止冻坏管道。

（2）配肥装置。配肥装置包括肥料桶、搅拌机、搅拌轮及管道等。肥料桶容量为 1000L，顶端配置进肥口和搅拌机，内部有搅拌轮，搅拌机设置独立控制开关，安装在钢化塑料棚内，可带动搅拌杆和搅拌轮转动，防止肥料沉积，提升肥料混合均匀度，不再需要人工搅拌和查看。肥料桶底端设置排污口，冬季前排空桶内的残余水肥，防止结冰。肥料桶长期使用，内部容易形成难溶解的肥料等残渣，为防止堵塞管道、滴灌带或微喷带，建议每年对肥料桶进行彻底的清洁。

（3）阀控装置及管路布局。施肥机通过单独的管道铺设到每个春秋大棚一端，每个管道单独安装有阀控装置，阀控装置安装在施肥机附近，可以独立控制灌溉进水。施肥机水泵设置不足以同时灌溉 4 个春秋大棚，通常采用轮灌方式，对每个春秋大棚进行灌溉施肥。若种植作物需水量较小时，也可同时对两个春秋大棚灌溉施肥。施肥机通过无线通信方式与阀控器进行通信，减少了数据线布设，提升了系统稳定性。灌溉采用地下水源，由于单套系统覆盖面积相对较小及京郊地下水源杂质较少，管路中仅设置了小型简易叠片过滤器，管路及滴灌带、微喷带发生杂质堵塞概率较小。

（4）系统功能设计。春秋大棚轻简式灌溉施肥系统控制包括现场主机控制和手机 App 远程控制两种形式。现场可通过施肥机屏幕控制灌溉水泵的启停和施肥管道电磁阀的开关，灌溉施肥时间控制可通过主机屏幕设置，也可通过手动时间旋钮控制，灌溉施肥时间可在 0 ~ 120min 内设置，4 路灌溉通道可通过阀控器控制开关，施肥机外部设置了紧急停止按钮，用于突发情况时关闭施肥机。手机 App 可以远程控制灌溉水泵启停及灌溉管路切换。通过手动阀可以调节水肥比例和灌溉水压。运行时间显示包括灌溉开始时间、剩余时间和已灌溉时间。肥料桶设计进水口，通过手动阀门控制进水，用于肥料配置。

在首次使用前或种植作物变化较大的情况下，需要对水肥流量比例进行调节，施肥机水泵带动灌溉，通过文丘里形式吸进肥料溶液，肥水最大比例为 1 ： 10，即配置好的肥料溶液最多占总流量的 10%。根据春秋大棚种植面积和滴灌、微喷形式，需要的灌溉水压和水流量不同，可通过调压阀对灌溉水压和水流量进行调整，保证最末端滴灌带或微喷带水压充足。图 5–19 所示为系统控制功能设计示意。

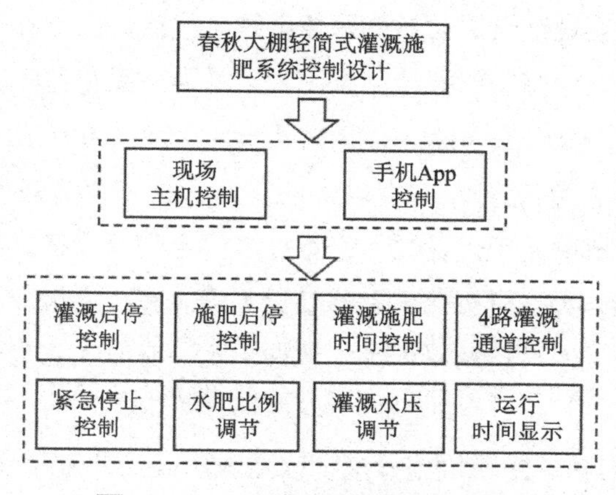

图 5–19　系统控制功能设计示意

3. 应用前景及效益分析。在经济效益方面，本书中建设的轻简式灌溉施肥系统建设总成本大约为 2 万元，包括施肥机主机费用 1.2 万元、材料费用及安装施工费用 0.8 万元。设计使用寿命 8 年，覆盖春秋大棚 4 栋，在不考虑运行费用的情况下，系统建设每年平均成本为 625 元 / 栋。如园区自己投资建设，按照 2023 年的政策，本书采用的施肥机可享受北京市农机购置补贴 1000 元，如果购置设备成本较高，企业售价也将享受更多优惠，成本将进一步降低。在社会效益和生态效益方面，京郊春秋大棚普遍采用简易文丘里吸肥器，采用人工方式配置肥料，劳动强度大、工作环境差，难以招聘到年轻操作人员。目前，京郊水肥管理从业人员普遍在 60 岁以上，管理水平粗放。园区依靠人工控制阀门，经常出现因为忘记及时关闭阀门而过量灌溉的情况，水肥利用效率较低，而且容易造成垄型破坏、积水等情况，造成减产。轻简式灌溉施肥系统的应用，可实现远程控制灌溉施肥及全年灌溉施肥数据积累，显著降低劳动强度。园区实践表明，可提升劳动效率 2 倍以上，节约水肥资源 30% 以上，有助于园区灌溉施肥的统一化管理及雇佣年轻劳动人员。

4. 存在的问题。

（1）设备供应少，整体技术水平低。相对大田等领域，当前我国设施灌溉施肥装备相关企业和科研单位大多规模较小，技术研发能力较弱，导致产品质量整体不高，提供给市场适用的机具少。实力较强的农机装备企业，因为该类设备研发难度大、效益低等原因缺乏生产动力。在机具补贴方面，虽有农机购置补贴政策，但扶持力度不大，补贴的品目范围较小。

（2）技术人才缺乏，机械化意识不足。在从业人员方面，普遍存在老龄化、妇女化、外埠化现象，60 岁以上的从业人员占比超过 50%。在园区经营人员方面，调研中发现，存在不愿意投入资金购买设备或等待项目支持、免费提供的现象，提高机械化水平的意识不强。在技术推广人员方面，对全国市场上适用的技术设备调研不足，掌握不全，有时无法为园区提供满意的技术方案服务。

（3）建造时缺乏配套设施标准，改造成本高。北京市现有 20 多万栋设施中，2008—2012 年建造的数量占比为 70%，每个年代或每个区建造的温室标准差异性较大，甚至每个园区均有自己的种植模式。当初，温室设计时未设置储水设施、未铺设水肥管道，导致目前改造工程量大、费用高，改造难度较大。

5. 系统方案推广应用建议及注意事项。

（1）做好适用施肥机选型，重视后期维修服务。施肥机成本、故障率、功能和后期服务是影响用户评价的主要因素，因此，建设前要做好施肥机选型。目前，市场上小型施肥机配置及价格差异较大，简陋施肥机主机设备价格在 3000 ~ 8000 元，但功能简单、故障率高；配套肥料自动搅拌、液晶屏控制、远程 App 控制等便捷功能的施肥机设备价格普遍在 2 万元以上。施肥机内部具有电子零部件，维修难度较高，及时的售后服务也要重点考虑。灌溉施肥系统涉及电路板、阀控器等零部件，需要专业技术人员维护，园区要与施肥机生产企业达成维修、维护协议，定期开展设备检修，在设备发生故障后能提供及时服务。

（2）做好系统建设方案，加大技术推广和培训。相比温室环境，春秋大棚的灌溉施肥系统放置于露天环境，需要考虑风吹日晒、施肥机底部防水、冬季防冻、电源供电等问题，通过实践，要总结提出完善的系统建设方案，针对不同种植规模和作物品种，设置不同灌溉施肥能力、不同灌溉铺设形式和轮灌方式，降低单位面积的投入成本，保障灌溉施肥的操作便利性。农机推广部门要通过组织现场演示会、宣传报道、微信公众号文章推送等形式，加强技术培训和宣传，提升基层农机推广人员、设施园区管理人员对智能化技术的思想认识和知识水平，加快轻简式灌溉施肥系统在春秋大棚中的推广应用，推动设施农业“机器换人”的步伐。

（3）推动设施园区规模化应用，加大农机购置补贴力度。灌溉施肥系统建设和运行成本与应用规模也有直接关系，规模化应用更能凸显农机装备在节水、节肥、节约劳动力方面的作用，从而转化为经济效益，建议通过宣传和政策提升应用规模化程度，从而降低单位面积设备资本投入。按照北京市 2023 年的农机购置补贴政策，适用春秋大棚的小型灌溉施肥设备可享受农机补贴较低，而性能优良的施肥机及系统建设费用普遍在 2 万元以上，前期投入过高，经济回报较慢，影响园区的投资应用意愿。可针对春秋大棚的灌溉施肥装备需求，综合考虑园区规模和种植作物，设置专门的农机购置补贴方案，提升补贴力度，提升园区对灌溉施肥装备的购买意愿。

（4）加强全国调研和设备选型、研发、改进工作，为园区提供更多设备选择。农业推广人员要走出去，多考察调研全国范围内，甚至是国外的优秀企业和技术，选型适用京郊的设备。农业推广部门要与科研院所、设备企业加强合作，针对现有设备的不足，开展研发、改进工作，提高灌溉施肥装备的智能化、简单化、省力化。

（5）加强技术人才培养，提升产业机械化意识。示范推广的过程，也是改变园区经营者和从业者思维的过程。要加强示范点建设，多组织现场会、培训会等活动，让园区经营者走出去，体验机械化水平较高园区的管理水平。加强年轻推广人才的培养。当园区提出需求，推广人员要能给出适合的解决方案，这就需要真正了解目前国内各企业设备的发展现状。

（6）加强示范推广，提供项目资金、政策、标准化支持。要保障持续的项目支持，许多农机管理部门的人对装备的认识停留在大型农机上，对设施农业装备认识不足。在立项时要充分遵循农机推广发展规律，很多技术需要循序渐进，不断优化，持续推进，才能有所成效。要加强农机购置补贴政策扶持，不仅包括施肥机主机、水泵等设备，储水设施建设、管道、配电柜配套设施也要纳入补贴范围。加强标准化工作，政府农机部门在制订温室建造标准时，要将水肥一体化装备应用条件纳入进去。

第二节

设施农业农机作业智能装备技术

一、技术介绍

目前，常见的设施农业农机作业智能装备包括智能拖拉机、巡检机器人、智能旋耕机、智能植保机、智能播种机等。整体而言，技术处于试验示范阶段。设施小型无人智能农机技术宣传较少，市场上较为罕见，技术水平较高。北京市区域内此类企业较少，北京市农科院信息中心、智能装备中心具有一定技术基础，具备智能装备生产和改造能力。比如，他们研发的巡检消毒机器人与国内同类设备相比，集成度更高，配套了差分微信定位、小程序控制、避障雷达、深度和环境摄像头、手机控制等功能。

二、发展现状

近几年，北京市设施农业机械化、信息化发展迅速。北京市印发的《关于全面推进乡村振兴、加快农业农村现代化的实施方案》中指出，到2025年，农业科技进步贡献率达到77%，设施农业机械化率达到55%以上。围绕高效设施农业、数字农业等领域研发一批具有自主知识产权的核心技术。该方案中提出，要大力推进智能农机装备示范应用，打造农业机器人应用场景。

智能化已成为未来几年设施农业发展的方向，并且由传统的农业物联网、环境调控、智能水肥一体化向智能化作业发展，旋耕、植保、巡检等智能作业机器人已经投入试验示范，全国范围内的宣传报道逐渐增多。北京市农业机械试验鉴定推广站联合中国科学院计算机所设施智能装备研发团队，针对北京市设施农业旋耕作业需求，引进适用设施农业的小型智能旋耕机，开展试验验证和示范，对探索打造设施无人作业场景具有重要的意义。

三、具体智能机器人介绍

（一）智能巡检机器人

设备功能：搭载200万像素摄像头，实现了270°自由转动及1米范围内升降。具备ROS开发系统、多感知系统，提高了机器的兼容性、稳定性。图5-20所示为智能巡检机器人，表5-1所示为智能巡检机器人参数。

图 5-20　智能巡检机器人

表 5-1　　智能巡检机器人参数

参数	要求	参数	要求
额定功率	3.5kW	运行速度	1.5km/h
底盘自重	150kg	防护等级	IP64
电池规格	48V，30AH	工作时间	2.5h
最大越障	200 毫米	最大爬坡	35°

（二）智能旋耕机器人

设备功能：用于旋耕作业，配置高功率电机及高能量密度锂电池，保证动力输出。采用可换电模式，解决新能源农机工作时间问题，可连续作业。具备多种控制模式，兼容无人驾驶和遥控两种控制模式。无人驾驶模式具备路径规划功能，能够使车辆按既定路线旋耕作业。具备远程监测功能，车辆作业数据及状态信息通过无线网络传输至后台，实时掌握车辆动态。图 5-21 所示为智能旋耕机器人，表 5-2 所示为智能旋耕机器人参数。

图 5–21　智能旋耕机器人

表 5–2　智能旋耕机器人参数

参数	要求	参数	要求
额定功率	18.8kW	运行速度	0 ~ 4.5km/h
负载	700kg	防护等级	IP54
电池规格	72V，540AH	工作时间	4.5h
耕深	10 厘米	耕幅	120 厘米
提升距离	15 厘米	控制距离	100 米
转向方式	差速转向	尺寸	285 厘米 ×136 厘米 ×135 厘米

（三）智能植保机器人

1. 喷杆式植保机器人。设备功能：果蔬精准植保，根据果蔬高度及生长情况调整喷嘴高度可实现精准喷洒和单侧、双侧喷洒等多种智能模式，满足不同果蔬种植场景，雾化效果好，雾滴附着率高，药液利用率高。多地形作业：针对农业地形和材质的多样性，履带式满足大多数场景要求，底盘强度高、通过性强，减震效果好，轻松完成爬坡越障。快换电池：机器人与标准的模块化电池搭配使用；快换电池结构，采用增强防护和锁扣式连接，提升了安全性和更换方便性。远程监控：远程平台可对车辆作业情况实时监控、记录，发现车辆异常及时报警。车辆作业路径、喷洒数量、位置信息等可记录，后期可溯源进行数据对接，完善生产过程数据。图 5–22 所示为喷杆式植保机器人，表 5–3 所示为喷杆式植保机器人参数。

图 5–22 喷杆式植保机器人

表 5–3 喷杆式植保机器人参数

参数	要求	参数	要求
额定功率	3.5kW	运行速度	1m/s
水箱容量	65L	喷杆长度	1.1 米
喷雾距离	0.4 ~ 0.6 米	喷雾流量	2.5L/min
充电时间	4h	遥控距离	≥ 100 米
续航时间	2h	控制方式	遥控 / 自主
爬坡能力	≤ 15°	外形尺寸	173 厘米 ×98 厘米 ×98 厘米

2. 风送式植保机器人。设备功能：智能行走及喷洒，可规划线路，根据规划线路进行寻迹自主行走，在预设起始点开始喷洒，在预设终止点止喷。可调整喷洒量和行走速度，可实现双侧或单侧喷洒。高效植保作业：300L 大容量药箱，快速自吸水，满足长时间连续作业要求，喷雾半径可达 5 米，穿透性强，压流和风力的二次雾化附着率高，药液利用率高。多地形作业：针对农业地形多样性，履带式满足大多数场景要求，底盘强度高、通过性强，

辅以动力匹配、结构优化，轻松完成爬坡越障。智能充、换电系统：可选择充电系统或换电系统，结合换电设备使用，换电方便，节约时间。图 5–23 所示为风送式植保机器人，表 5–4 所示为风送式植保机器人参数。

图 5–23　风送式植保机器人

表 5–4　风送式植保机器人参数

参数	要求	参数	要求
额定功率	16.3kW	最大速度	4.5m/s
水箱容量	300L	喷雾时间	1h
喷雾半径	5 米	喷雾流量	5L/min
充电时间	4h	遥控距离	≥ 100 米
续航时间	3h	控制方式	遥控 / 自主
爬坡能力	≤ 15°	外形尺寸	290 厘米 ×120 厘米 ×152 厘米

（四）智能播种机器人

设备功能：用于播种作业，配置高功率电机及高能量密度锂电池，保证动力输出。采用可换电模式，解决新能源农机工作时间问题，可连续作业。具备多种控制模式，兼容无人驾驶和遥控两种控制模式。无人驾驶模式具备路径规划功能，能够使车辆按既定路线播种作业，避免了漏播、重播，提高播种效率。具备远程监测功能，车辆作业数据及状态信息通过无线网络传输至后台，实时掌握车辆动态。图 5–24 所示为智能播种机器人，表 5–5 所示为智能播种机器人参数。

图 5–24　智能播种机器人

表 5–5　智能播种机器人参数

参数	要求	参数	要求
额定功率	8.8kW	运行速度	0 ~ 4.5km/h
负载	700kg	防护等级	IP54
电池规格	72V，360AH	工作时间	5h
播种深度	10 厘米	播种幅宽	120 厘米
提升距离	15 厘米	控制距离	100 米
转向方式	差速转向	尺寸	295 厘米 ×136 厘米 ×115 厘米

（五）智能拖拉机

鸿鹄 T30 电动智能拖拉机是一款以锂电池为能源、以永磁同步电机为动力，搭配智能电控系统、科幻型外观和智能无人驾驶作业系统的多用途中马力电动智能农业机械装备。

鸿鹄 T30 电动智能拖拉机采用多电机分置式布置：主电机控制行走系统和动力输出系统，为行走和动力输出提供动力；液压电机控制液压系统，为悬挂装置提供动力；转向电机控制转向系统，为拖拉机的转向提供动力。通过田间作业智能控制系统，可实现全程智能化集群作业；通过田间作业智能控制系统，可实时获取车辆位置信息，配合管理平台完成车辆定位、实时追踪、历史轨迹查询等功能。

鸿鹄 T30 电动智能拖拉机配备适当农具可进行耕、耙、播、收等作业，配备拖车可以进行农业用途的运输作业，还可与秸秆还田机连接进行秸秆还田作业，也可作为抽水机、脱粒机的原动力。图 5–25 所示为鸿鹄 T30 电动智能拖拉机，表 5–6 所示为鸿鹄 T30 电动智能拖拉机参数。

图 5–25 鸿鹄 T30 电动智能拖拉机

表 5–6 鸿鹄 T30 电动智能拖拉机参数

序号	项目	设计值
1	整机功率	30kW
2	动力输出功率	≥ 26kW
3	动力类型	永磁同步电机
4	外形尺寸（长 × 宽 × 高）	3500 毫米 ×2450 毫米 ×1800 毫米
5	轴距	1870 毫米
6	最小使用质量	2400kg
7	轮胎规格（前轮 / 后轮）	11.2~20/13.6~28
8	常用轮距（前轮 / 后轮）	1500 毫米 /1400 毫米

续表

序号	项目	设计值
9	最大提升力	≥ 6.3kN
10	最大牵引力	≥ 10.8kN
11	理论速度	0 ~ 20km/h
12	动力输出转速	540r/min 或 720r/min
13	综合续航时间	≥ 4h
14	智能作业精度	≤ ±3 厘米

四、设施小型智能旋耕机试验测试

（一）试验测试简介

针对设施农业旋耕作业智能化技术需求，引进了小型智能旋耕机技术，探索打造设施农业无人作业场景，从作业效率、耕深及稳定性、碎土率、植被覆盖率、土壤紧实度等方面对智能旋耕机作业（IR）和传统旋耕机作业（CK）进行了试验对比，指出了目前小型智能旋耕机技术存在的不足，提出了下一步的改进建议。

（二）试验材料与方法

1. 试验机具。智能旋耕作业采用的小型智能旋耕机由中国科学院计算机所下属的北京国科廪科技有限公司研发。整机尺寸为1400毫米 ×800毫米 ×700毫米，设计作业速度4.5km/h，额定续航时间2h，单电机驱动，电机功率10kW，作业幅宽可根据旋耕刀具数量调整，本试验中配置6组旋耕刀具，旋耕幅宽0.9米。传统旋耕机作业动力机械采用黄海金马354拖拉机，整机功率为25.73kW，幅宽可根据刀具数量调整，本试验中配置8组旋耕刀具，旋耕幅宽1.2米。试验中，根据智能旋耕机动力情况，旋耕幅宽设置小于传统旋耕机，智能旋耕机采用人工遥控方式开展作业，传统旋耕机采用人工驾驶方式开展作业。图5–26所示为智能旋耕机作业场景。

图 5-26　智能旋耕机作业

2. 试验地块概况。试验地点为北京市昌平区鑫城缘园区内的春秋大棚，大棚内春季起垄种植蔬菜，夏季无种植，试验时间为 2022 年 8 月 30 日。春秋大棚种植区域长度为 86 米、宽度为 6 米。土壤绝对含水量对作业效果影响较大，作业前采用烘干法测定土壤绝对含水量。在试验温室等距确定 3 个采集点，每个点在 0 ~ 10 厘米、10 ~ 20 厘米两个深度处采集土壤样本，在实验室烘干箱烘干，土壤绝对含水量情况如表 5-7 所示，试验区域土壤湿度较均匀。

表 5-7　土壤绝对含水量

土样深度	测点 1 土壤绝对含水量	测点 2 土壤绝对含水量	测点 3 土壤绝对含水量	土壤绝对含水量平均值
0 ~ 10 厘米	20.36%	19.75%	18.76%	19.62%
10 ~ 20 厘米	21.01%	20.02%	18.10%	19.71%

3. 测定项目与方法。

①作业效率。记录智能旋耕机行进和掉头的距离、时间，计算行进速度、全程平均行进速度、掉头时间、1 栋大棚作业时间、旋耕趟数、作业效率等指标，全面反映作业效率。

②耕深及稳定性、碎土率、植被覆盖率。参考农机推广鉴定大纲《旋耕机 DG/T 005-2019》的数值，分别计算耕深及稳定性、碎土率和植被覆盖率。

耕深及稳定性：在作业方向，左右两侧分别每隔 2 米测 1 个点，两侧各测 11 个点，分别计算耕深平均值、深度稳定性。

碎土率：在作业区内，测定 0.5 米 ×0.5 米面积内的最长边小于 4 厘米的土块质量，以最长边小于 4 厘米的土块质量占总质量的百分比为碎土率。

植被覆盖率：在作业区内，等距选择 3 个 1 米 ×1 米的范围，统计区域内植被质量，以旋耕前后植被质量差值与旋耕前植被质量的比值为植被覆盖率。

③土壤紧实度。对旋耕前、传统旋耕机作业后、智能旋耕机作业后的土壤地块，按照 3 米间距确定 5 个采集点，采用土壤紧实度仪分别在 5 厘米、10 厘米、15 厘米和 20 厘米 4 个不同深度处进行测量，同一深度取平均值。

4. 试验结果与分析。

①作业效率。试验中，智能旋耕机作业幅宽设置为 0.9 米，小于传统旋耕方式作业幅宽 1.2 米，智能旋耕机作业行进速度、全程平均行进速度均高于传统旋耕方式，由于体积较小，智能旋耕机掉头速度明显优于传统旋耕方式，智能旋耕机作业效率为 5.39 亩 /h，传统旋耕方式作业效率为 4.50 亩 /h。春秋大棚两侧靠近棚膜的位置高度较低，对人工驾驶影响较大，智能旋耕机采用无人遥控方式，高度较低，增加了可作业面积。智能旋耕机设计动力为 10kW，明显小于传统旋耕机整机功率 25.73kW，智能旋耕机在幅宽小于传统旋耕机的情况下，试验中动力明显劣于传统旋耕机，旋耕输出动力不充足。表 5–8 所示为不同作业方式的作业效率对比。

表 5–8　　不同作业方式的作业效率对比

处理	行进速度 /(m/s)	全程平均行进速度 /（m/s）	掉头时间 /s	单栋大棚作业时间 / min	旋耕趟数	作业效率 /（亩 /h）
IR	1.59	1.16	23	8.61	7	5.39
CK	1.15	0.69	61	10.32	5	4.50

②耕深及稳定性。京郊设施园区种植要求旋耕深度普遍在 15 ~ 20 厘米。智能旋耕机作业、传统旋耕作业耕深平均值分别为 15.39 厘米和 15.81 厘米，差别不明显，但传统旋耕方式的耕深标准差、耕深变异系数、耕深稳定性系数均优与智能旋耕机。通过园区经验丰富工人的现场查看，智能旋耕机作业质量要远低于传统旋耕机方式。表 5–9 所示为不同作业方式的耕深参数对比。

表 5-9 不同作业方式的耕深参数对比

处理	耕深平均值	耕深标准差	耕深变异系数	耕深稳定性系数
IR	15.39 厘米	2.30 厘米	14.96%	85.04%
CK	15.81 厘米	1.57 厘米	9.92%	90.08%

③碎土率及植被覆盖率。智能旋耕机作业、传统旋耕机作业碎土率分别为 92.15% 和 96.88%，传统旋耕作业碎土率明显优于智能旋耕机，智能旋耕机碎土效果有待提升。传统旋耕方式后的植被覆盖率明显高于智能旋耕机作业。表 5-10 所示为碎土率及植被覆盖率对比。

表 5-10 碎土率及植被覆盖率对比

处理	碎土率	耕后植被平均值	植被覆盖率
IR	92.15%	45	79.55%
CK	96.88%	15	93.18%

④土壤紧实度。在土壤紧实度方面，在 15 厘米深度，传统旋耕作业的土壤紧实度小于旋耕前，但差值不大，而智能旋耕机作业后的土壤紧实度明显小于旋耕前，表明传统旋耕作业明显优于智能旋耕机作业；在 20 厘米深度，传统旋耕作业对土壤具有松动作用，而智能旋耕机作业没有松动土壤的作用。表 5-11 所示为土壤紧实度对比。

表 5-11 土壤紧实度对比

采集深度	5 厘米	10 厘米	15 厘米	20 厘米
旋耕前	274	380	468	590
IR	0	136	327	576
CK	0	10	58	143

5. 试验结果讨论与分析。

①智能旋耕机初具成效，为探索设施农业无人作业奠定基础。试验表明，智能旋耕机在实际应用方面还存在较多不足，作业质量、设备稳定性、适用性都劣于传统旋耕农机，还无法满足实际作业需求。但是，智能旋耕机在融合应用电子技术、计算机技术、传感器技术等方面取得了阶段性进展，样机可以满

足智能化作业示范要求，为探索打造设施农业无人作业场景奠定了基础。

②设备整体稳定性及旋耕动力不足，续航较短。在试验作业时，设施温度较高，智能旋耕机由于内部电路板等电子元器件耐高温设计不足，造成多次停机。由于电池容量等技术限制，智能旋耕机存在电动农机普遍存在的动力不足问题，旋耕作业配备电机动力不足，影响作业幅宽、作业深度和碎土率，整体作业效果明显差于传统旋耕方式。虽然可以满足试验示范需求，但无法满足实际作业需求。智能旋耕机额定续航为2h，但从机棚到作业场地来回路程消耗电量较大，实际作业续航不足50%，作业时间较短，设备对电池消耗较快。

③机具配套设计适应性不足，智能化设计需要继续完善。智能装备研发团队对计算机技术、电子技术较为擅长，但对设施作业环境和农业机械缺乏深入了解，对旋耕机机具密封性、作业动力配套、适用性等设计不足。在软件方面，仍然以遥控方式为主，路径规划、无人作业等模型算法有待开发完善，目前，还达不到试验作业要求。另外，由于目前农业智能装备普遍依靠项目扶持，短期内无法实现大量销售推广，企业对农业智能装备的研发投入较为谨慎，技术装备迭代更新速度较慢，研发人员和研发资金投入不足。

五、智能装备技术试验测试

（一）智能拖拉机试验测试

在春秋大棚内，对鸿鹄 T30 电动智能拖拉机开展了测试，配套旋耕机具，旋耕幅宽 1.2 米。京郊设施园区种植要求旋耕深度普遍在 15 ~ 20 厘米。T30 智能旋耕机作业耕深平均值分别为 15.20 厘米。通过园区经验丰富工人的现场查看，智能旋耕机作业质量要远低于传统旋耕机方式。在碎土率方面，5 厘米深度处，碎土率为 95%；15 厘米深度处，碎土率不足 80%。在碎土率方面，T30 智能旋耕机作业质量要远低于传统旋耕机方式。在操作及作业流畅性方面，试验测试过程中较为流畅，符合试验示范点的基本要求。图 5–27 所示为试验测试现场。

图 5-27　试验测试现场

（二）巡检消毒机器人试验测试

在北京市平谷区京瓦温室园艺中心 C1 ~ C3 大棚走道及园区道路进行测试。

1. 设计功能和参数。设备可用于园区智能化巡检、消毒，配置差分卫星定位，定位精度高；配置 16 线激光雷达，精准避障；配置深度摄像头、环境摄像头；配置高、低液位传感器；具有路径规划功能，针对园区的实际情况，智能巡检；可感知周围环境，确定机器人自身在地图中的位置；履带式机器人底盘，克里斯蒂独立悬挂，实现重载避震、360° 转向；搭载高扭矩直流无刷减速电机，底盘动力强。设备参数：巡检直线速度为 0.4 ~ 0.6m/s，转弯速度为 0.5 ~ 1.0rad/s；水箱容积 70 L；单次消毒最长时间 30 min；电池容量 1.44 kWh，充电时间 2 h，续航时间 4h 以上。

2. 测试方法和结果。

①路径规划巡检功能测试。图 5-28 所示为路径规划巡检基本流程。

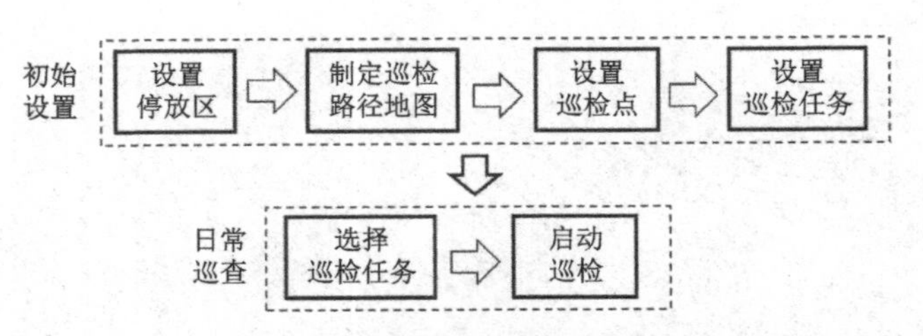

图 5–28　路径规划巡检基本流程

②设置停放区。选择合适的区域，作为巡检消毒机器人的日常停放区域。停放区在距离地面 1 米的墙壁上固定二维码，用于后期巡检时，巡检消毒机器人自动识别停放。停放区设置在 C1 大棚外。图 5–29 所示为停放区二维码，图 5–30 所示为巡检消毒机器人停放状态。

图 5–29　停放区二维码

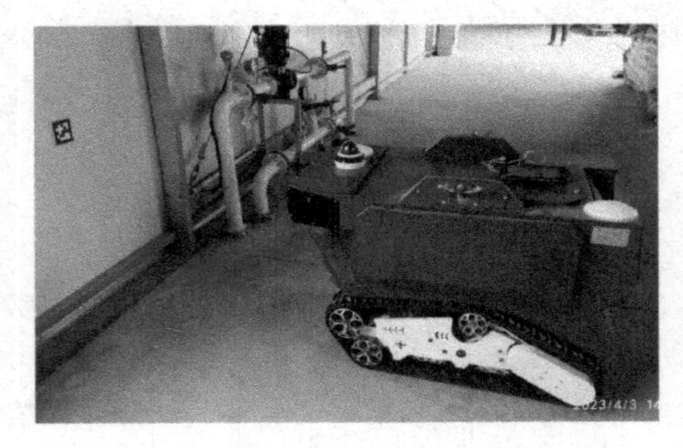

图 5–30　巡检消毒机器人停放状态

③制订巡检路径地图。巡检路径地图中的线路包括日常巡检可能走的所有线路。巡检消毒机器人控制方式包括 3 种，即遥控器控制、手机小程序控制和平板控制。具体操作程序如下所述。一是操作遥控器，设置为平板控制，在平板控制模式下制订巡检路径地图、设置巡检点、设置巡检任务。二是操作平板，控制巡检消毒机器人按照计划巡检路线巡检一遍并回到起始点（即停放区）。其中，在起始点、拐弯处、掉头处等重要节点，操作巡检消毒机器人 360° 转向，获取周围环境图像，有助于更精准绘制巡检路径地图。三是在生成初步巡检路径地图后，可以在地图中设置禁止线，用于在卫星定位不准的情况下，避开危险的沟渠或墙壁等。图 5–31 所示为手动遥控器，

图 5–32 所示为巡检消毒机器人在园区道路巡检中，图 5–33 所示为巡检消毒机器人在室内道路巡检中。

图 5–31　手动遥控器

图 5–32　巡检消毒机器人在园区道路巡检中

图 5–33　巡检消毒机器人在室内道路巡检中

④设置巡检点。在巡检路径地图中设置若干巡检点，用于后期设置巡检任务，其中包括起始点、拐弯点、转向点等重要点。

⑤设置巡检任务。在所有巡检点中选择若干点，形成巡检任务点并编号标注，可以设置若干巡检任务，方便后期根据不同需求进行不同的路线巡检。

⑥日常巡检。通过手机小程序，选择巡检任务，开启后就可以按照巡检设置巡检。另外，遥控器可以操作巡检消毒机器人开展巡检任务之外的巡检工作。

⑦测试结果。按照以上路径规划巡检基本流程，在北京市平谷区京瓦温室园艺中心 C1 ～ C3 大棚外走道及园区道路上对巡检消毒机器人进行了路

径规划巡检功能测试，实现了以上功能，符合项目要求。

3. 消毒功能试验测试。巡检消毒机器人内部设置了水箱，容积为 70L，配套了最低水位和最高水位传感器；配套电动水泵，喷头通过手动旋转可以调节喷洒距离和形状，按照估算，单次消毒最长时间可以达到 30min。现场对消毒喷洒功能进行了实际测试，功能符合项目要求。

4. 巡检速度和转向试验测试。巡检直线速度可以设置，通过平板可以选择 0.1m/s、0.2m/s、0.3m/s、0.4m/s 和 0.5m/s 5 种速度。根据路面情况，速度存在一定误差，现场测试最大速度符合 0.4 ~ 0.6m/s 的要求。在转向方面，巡检消毒机器人可以实现原地 360° 转向，转弯速符合 0.5 ~ 1.0rad/s 的要求。

（三）智能遥控运输车

1. 设计功能和参数。设备可用于温室果蔬采摘后运输或肥料等物资的运输。遥控器远程控制或运输车按键控制，可控制前进、后退、停止；配套前、后红外线传感器，可实现智能自动避障；设有电源剩余显示；配置通信模块，后期可实现数据传输、远程控制；后期可拓展蔬菜称重功能。设备尺寸（长 × 宽 × 高）为 150 厘米 ×40 厘米 ×27 厘米；轨道宽度 35 厘米；电池容量 0.58kWh；充电时间 8h；最大载重量 500kg；续航时间 8h 以上；设计速度 1 ~ 15km/h 可调。

2. 测试方法和结果。

①载重测试。试验地点在 C1 春秋大棚内。测试运输固体肥料，每袋固体肥料重量为 25kg，总计 7 袋，人体重 80kg。测试速度大约 1m/s。在肥料或人员在运输车上稳定后，试验人员通过遥控器控制运输车启动、前行、后退和停止，测试 3 次均运行流畅为正常。符合项目要求。表 5-12 所示为运输车载重测试数据，图 5-34 所示为不同载重量测试场景。

表 5-12　运输车载重测试数据

载重 /kg	50	75	100	125	150	175	255
启动、前进、后退和停止	正常	正常	正常	正常	正常	正常	正常

载重 175kg

载重 255kg

图 5-34　不同载重量测试

②避障测试。在 50kg、100kg 载重条件下，对运输车智能避障功能进行了测试，不同载重条件下各测试 3 次，运输车停止成功率 100%，符合项目要求。

（四）自走式采收作业车

1. 设计功能和参数。设备可用于温室内作物采收、作物整枝等。行走采用伺服电机驱动器，低速行走稳定。上、下双操控面板：整机匹配了上、下两个控制面板，下控可以实现平台举升和下降操作；操作台上的控制面板配有急停开关、方向开关和调速开关，也可操控操作平台升降和平移。配有紧急下降的功能，系统配备倾斜警报功能，带刹车系统。设备底部配有 4 个凸缘轮，确保沿着轨道运动，配备 4 个橡胶轮胎，以便可以沿着水泥路行驶，采摘车纵向前进和后退行驶实现无级调速。主要参数：平台最大高度 3 米，最低高度 0.63 米；平台额定载荷 200kg；轨道中心距 55 厘米；额定续航 3 ~ 6h。

2. 测试方法和结果。在连栋温室 A1 内，测试人员对自走式采收作业车进行了测试。一是通过下部控制面板，控制平台举升和下降操作。二是通过上部控制面板（即操作台上的控制面板）控制方向和速度，操控操作平台升降和平移、刹车。三是测试自走式采收作业车在轨道及水泥路面行走和切换。四是对其他细节进行了测试和查看。通过试验测试，自走式采收作业车运行流畅正常，符合项目要求。图 5-35 所示为自走式采收作业车设备测试，图

5-36 所示为自走式采收作业车在水泥路面进行行走测试，图 5-37 所示为自走式采收作业车的下部控制面板。

图 5-35　自走式采收作业车设备测试

图 5-36　自走式采收作业车在水泥路面进行行走测试

图 5-37　自走式采收作业车的下部控制面板

六、技术发展思考及建议

1. 政府相关部门应加强持续性支持，全方位引导扶持设施智能农机企业发展。政府相关部门要加大对设施智能农机的支持力度，在资金支持方面，为设施智能农机研发企业提供持续性的项目资金支持，引导社会资本参与设施智能农机研发企业发展；在政策支持方面，完善设施智能装备鉴定检测服务支持，将设施智能农机纳入农机购置补贴和作业补贴，加大补贴力度。

2. 推动企业强强联合，做好设备迭代更新。要充分发挥不同企业的主体优势，智能农机研发企业要与传统农机具企业加强合作，在做好智能化设计的同时，深入考虑作业环境、作业需求等条件，利用传统农机具企业的丰富经验，提升作业机具的适用性，加强传统设施农业机具的智能化升级改造。充分认识智能农机从不成熟到成熟的发展规律，对农机智能装备发展要有足够的耐心，针对试验应用存在的问题，做好持续创新研发改进。

3. 加强农机智能化场景打造，做好技术宣传。农机推广部门要联合科研院所、研发企业、农业园区等不同行业主体，发挥各自优势，推动设施农业无人作业场景建设。针对存在短板的作业环节，通过引进智能化装备技术，提升机械化、自动化水平。适时组织开展农机智能化技术演示现场会等活动，加强农业推广人才的培训和交流，加强技术宣传和知识培训，提升行业人员对农机智能化的认识和认可度。